JN001274

分解すると

チップを分解！

プリント基板を
分解して、
ICチップの中身に
迫る!!

無馬は寸解

ニセAirPods を分解！

100均マウスを分解！

110円で買える
激安マウス！
壊しても惜しくない、
分解オススメ
一押しです！

どうなる？？

目玉が点滅する
モンスター
カチューシャ!

深圳の電気街で買った
600円のニセAirPods!
見た目もそっくりで、
iPhoneと
自動ペアリングするが、
その実態は……?

スイッチで
電源オンオフと
LEDの点滅が切替え
できる、100均の
お買い得グッズだよ!

光るおもちゃを分解!

かわいい見た目の
動いてしゃべる
教育用ロボット!

教育用ロボットを分解!

分解したら

チップの中身

揚げて部品を外し、炙ってパッケージを取り除くと、中のチップが見える!!

ニセAirPodsの中身

100均マウスの中身

スイッチとリード線が手に入る!センサーを顕微鏡で見るのも楽しい!

※ 本製品の分解は本文中に収録しておりません。

こうなる！！

光るおもちゃの中身

スイッチと一体型の制御ICチップがシンプルで超クール！

LR44×3の電池ケースだけって実はあんま売ってないよ！

ちゃんと使えるけど、Apple製の部品は一つもない！ほかのAirPodsモドキの中には、意外と高性能なSoCを使ったものもあるよ！

教育用ロボットの中身

開けてびっくり！中はケーブルだらけ！モーター1つで2つの動きを実現するギヤボックスも！

感電上等！ ガジェット努解のススメ HYPER

ギャル電・山崎雅夫・秋田純一・鈴木涼太・高須正和［共著］

Ohmsha

本書に掲載されている会社名・製品名は、一般に各社の登録商標または商標です。

本書を発行するにあたって、内容に誤りのないようできる限りの注意を払いましたが、本書の内容を適用した結果生じたこと、また、適用できなかった結果について、著者、出版社とも一切の責任を負いませんのでご了承ください。

　本書は、「著作権法」によって、著作権等の権利が保護されている著作物です。本書の複製権・翻訳権・上映権・譲渡権・公衆送信権（送信可能化権を含む）は著作権者が保有しています。本書の全部または一部につき、無断で転載、複写複製、電子的装置への入力等をされると、著作権等の権利侵害となる場合があります。また、代行業者等の第三者によるスキャンやデジタル化は、たとえ個人や家庭内での利用であっても著作権法上認められておりませんので、ご注意ください。

　本書の無断複写は、著作権法上の制限事項を除き、禁じられています。本書の複写複製を希望される場合は、そのつど事前に下記へ連絡して許諾を得てください。

出版者著作権管理機構
（電話 03-5244-5088，FAX 03-5244-5089，e-mail：info@jcopy.or.jp）

JCOPY ＜出版者著作権管理機構 委託出版物＞

はじめに

　この本は、分解の超ディープな魅力や始め方を全力で紹介した本だよ。

　分解のゴールは修理だけじゃなくて、単純にケースを開けて中身を見て「なんか思ったよりも部品が全然入ってないなー」とか、逆に「なんでこんな部品入ってるの？」って、正解じゃなかったとしても、仕組みを自分で考えてみるのは超楽しい。

　電子工作とかあんまりわからないけど、**「分解ヤバい、面白そう！」**って思ってる人はこの本をとりあえず買っちゃって超正解。

　内容が完全に理解できなくても大丈夫！　興味があるページから読んで、どんどん真似して手を動かして、自分でも分解してみてね。とりあえず仕組みが気になったガジェットのケースを開けてみて、中身を見てみる。最初はそれだけでも全然オッケー。

　役に立つとか立たないとか、勉強になるとかならないとか、そういうことは置いといて、「これ中身どうなってんの？　分解してみたいー！」っていう興味100％の初期衝動、めっちゃ大事だから！

　「危なそう」「分解した後に壊れそうで怖い」「壊したり中身を見たりしたら怒られそう」「中に入ってる電子部品のこと全然わからなくて難しそう」ってイメージでなんとなく分解を始められなかった人にもこの本は超おすすめ！

　「何をどうしたら危ないのか」「どうやったら壊れるのか」「どこまでやったら怒られるのか」とか、**やってみないとわからなくない？**　電子部品だって、最初はあんまり見分けがつかないかもしれないけど、たくさん分解するうちに、よく見るなーっていうイツメン（いつものメンバー）みたいな知ってる電子部品が増えて、すぐ慣れるよ。

　自分で部品を集めてイチから動くものを作るよりも、もともと動くものを分解して動いてるところから仕組みを理解するほうが全然手っ取り早い。

　やろうかどうか悩んでる間に、とりま分解してみよー！

2022年12月
ギャル電・きょうこ

「分解の達人」バニー・ファンからのメッセージ
分解することで世界を楽しもう！
Enjoying the Art of the Teardown

　人間はいろいろなやり方で世界を楽しむことができる。ときにはただじっとしているだけでも、人生の素晴らしさを感じられる。ときには自分が好きなものに深く入り込み、細かなニュアンスを見極めることで、人生はさらに面白くなっていく。好きな音楽を夢中になって聴いているとき、バスドラムやスネアの音、メロディの入り方、音の重ね方などを分解している。経験を積めば、その曲がどんなシンセサイザーや録音機器で作られているかもわかってくる。

　人間は自然に、また直感的に、こうした「分解と分析」をする。初めて食べた料理がおいしかったとき、ファッションに目を奪われたとき、「どのスパイスがこの味を作っているのだろう？」「どの要素がこのかっこよさを作っているのだろう？」と感じ、そしてその理由を自分で理解するために、目の前で起きたことを頭の中で分解しはじめる。

　このように、分解は人生を楽しむための自然な方法だ。僕の場合は、7、8歳の子どものころに、持っているおもちゃのネジを外して内部を見たときが、最初の発見だった。おもちゃの楽しみ方には限りがあり、そのうち飽きてしまう。でも、遊び飽きたおもちゃでもネジを外して中を覗いてみれば、新しい冒険ができることに気づいた。もちろん、古いおもちゃを組み合わせて新しいものを作ることもできるけど、僕は、おもちゃを分解して、どうやってそのおもちゃが作られたかを知ることに夢中になった。ガジェットの中を探検しに、ハイキングに出かけるようなものだ。

　人間が作ったものには必ずパターンがあり、やがて作り手のクセやモチーフ、設計のもとになったロジックが見えてくる。分解するうちに、それを作った人間が何を考えていたかをも感じられるようになる。

　電気製品は、この世界を作る物理法則という制限があるなかで、人間が創造性を発揮して設計したものだ。分解してガジェットの中身を理解し、質の良いガジェットと単なる安物を分けるニュアンスがわかるようになることは、新しいガジェットの楽しみ方に留まらず、この世界そのものを理解する入口となる。

　そして、実験を怖がっちゃダメだ。特に、使い古してもう要らないような機材をいじっているのであれば、LEDの色を変えてみたり、あるいはいくつか追加してみたり、壊れた部分を直してみたりすることで、電子工作のセンスを身につけることができる。修理や改造は最初の一回で成功するとは限らないが、代わりに、何度やっても新しい発見がある。繰り返しているうちに、自分の技術に自信が持てるようになる——そのとき初めて、「ガジェットに使われているのではなくて、自分がガジェットを所有している」と言えるんだ。

　この本を読むことで、君も分解の楽しさに触れてほしい。僕たちはテクノロジーに囲まれた世界で生きている。テクノロジーを分解していくことで、テクノロジーの美しさと、世界の美しさを、より深く知ることができる。

アンドリュー・"バニー"・ファン
『ハードウェアハッカー 〜新しいモノをつくる破壊と創造の冒険』著者

本書の読み方

　この本は「分解の楽しみ方」について、僕たちが普段楽しんでいる方法を皆さんに紹介したものです。これまで分解に触れてこなかった方でも、分解を楽しむことができるように書きました。

　第1章は「準備」の章で、全体的な心構えや、分解に必要な道具（ツール）を紹介しています。入門者向けのお試し初期装備から、本格的に取り組みたい方向けの装備まで、実際に道具を使ってきた経験をもとに説明しています。

　第2章・第3章では、さっそく手を動かして、実際に分解を行います。第2章では、100円ショップで販売されているガジェットの分解と改造を扱います。高価な家電製品を分解するのはためらわれるけれど、100均ガジェットなら動かなくなっても大丈夫かな？って気がしますよね。といっても、100均ガジェットの分解からわかる知見は、はるかにお値段以上です。「安くて良いものを作る」ことはモノづくりの奥義で、100均ガジェットにはそのための工夫が詰まっています。

　第3章では、分解のさらにディープな楽しみ方の例を紹介しています。一つは、「同じ目的の製品で、価格帯の異なるもの」を分解して、それぞれを比較してみるという楽しみ方です。単に高い部品を使えば高級品になるというわけじゃないし、安物だからといっていい加減に作ってあるわけでもありません。それぞれの価格帯に見合ったモノづくりの工夫があり、比べてみることで見えてくることもあります。もう一つは、ICチップの分解です。というとハードルが高そうに感じるかもしれませんが、どこのご家庭にもある道具を使って半導体チップを取り出し、その中身を覗くという楽しみ方ができます。カメラもスマホもゲーム機も音楽プレーヤーもチップで動いていて、チップを探ることはモノづくりの深い理解につながります。

　第4章には安全と危険に関する知識をまとめています。分解するものはいくつでも買えるし、むしろ買うべきですが、自分の体は1つしかありません。分解で怪我をする可能性はありますが、何が／なぜ危険なのかを知っておけば、大きな危険は避けることができます。結局は少し痛い目を見ながら知識や経験を身につけていくことになりますが、理屈がわかっているのとそうでないのでは、後に大きな差になります。

　第5章では、分解するものをどのように選んでいるか、どのように探しているかについて述べています。秋葉原や深圳の電気街と工場の関係、世界の電気街についても紹介しています。目の前のハードウェアがどこからやって来たのか理解でき、次にどんなものを分解するか考える羅針盤になります。

　第6章は、分解した内容をブログやSNS、コミュニティなどで発表、シェアすることについて書いています。仲間とシェアし合うことで、分解の面白さは何倍にも広がります。

　本書は、もちろん最初から最後まで読み通しても良いですが、自分の関心のあるところから飛び飛びで読んでも良いように書いています。「ちょっと難しいな」と思ったら後回しにしたり、まずは手を動かして分解にチャレンジしてみた後にもう一度読んだりしてみると、また新たな発見が得られるでしょう。

　この本で言いたいことは、無理やり短くまとめれば、「**始めよう、シェアしよう**」ということです。

　分解で一番大事なのは、「まず、やってみる」こと。次いで「シェアして結果を確認する」ことです。かなり珍しいハードウェアでも、世界には同じものを分解している人がいて、自分がシェアした内容を見つけて連絡をくれたりします。

　この本を通して僕たちの経験をシェアすることで、DIY感に満ちたパンクな分解のムーブメントに加わってくれる方が少しでも増えたら嬉しいです。

著者紹介

ギャル電・きょうこ

「今のギャルは電子工作する時代」をスローガンに活動する電子工作ユニット。ギャルによるギャルのためのテクノロジーを提案する。一見難しそうな電子工作だけど「難しいことは置いといて、とりま光ればいいじゃん」精神で、電子工作を広めるために活動中。
イベントやディスプレイ装飾も手がける一方、「デコトラキャップ」「電飾看板ネックレス」などギャルとパリピにモテるアイテムを生み出し続けている。夢はドンキで Arduino が買える未来がくること。

著書　『ギャル電とつくる! バイブステンアゲサイバーパンク光り物電子工作』(オーム社)

山崎雅夫

半導体の設計会社でチップの評価分析を行う傍ら、100円ショップを中心に面白いガジェットを探してはひたすら分解をしている。ThousanDIY 名義で 100 均ガジェットの分解記事や雑誌連載、書籍なども多数執筆。ThousanDIY = Thousand + DIY で、個人ブログ「1000円あったら電子工作」にちなんでいる。

著書　『「100円ショップ」のガジェットを分解してみる!』
　　　『「100円ショップ」のガジェットを分解してみる!《Part 2》』
　　　『「100円ショップ」のガジェットを分解してみる!《Part 3》』(以上、すべて工学社)

秋田純一

金沢大学教授。専門は集積回路 (特にイメージセンサ) とはんだづけで、それに関連してメイカーとしても活動している。好きなプロセスは CMOS 0.35μm、好きなはんだは共晶はんだ、好きなパッケージは DIP8 ピン。

著書　『はじめての電子回路15講』(講談社)
　　　『揚げて炙ってわかるコンピュータのしくみ』(技術評論社)など

鈴木涼太

エンジニアとして働きつつ、趣味でもガジェットを作ったり分解したり、世界各地の電気街を回ったりしている。ガジェットは音の出るものや動くものを作ることが多い。

ガジェットの分解は小さいころからしていたが、電気街を回っているうちに面白いガジェットを発見することが増えたので、ただ分解するだけではなく、分解レポートをシェアする活動を始めた。世界各地への訪問時は、電気街だけでなくグルメも楽しんでいる。

高須正和

電子工作用品を扱う会社「スイッチサイエンス」の社員。近年は中国の深圳に住んで、さまざまな会社と事業開発をしている。「分解の達人」と呼ばれるバニー・ファンの著書『ハードウェアハッカー』（技術評論社、2018）の翻訳を手がけたことが、分解に関連する活動を始めるきっかけとなる。その後、コミュニティ「分解のススメ」を本書の執筆陣と一緒に立ち上げ、運営している。

著書　『メイカーズのエコシステム 新しいモノづくりがとまらない。』(インプレスR&D、共著)
　　　『世界ハッカースペースガイド』(翔泳社)
　　　『プロトタイプシティ 深センと世界的イノベーション』(KADOKAWA、共著)など
翻訳　アンドリュー"バニー"ファン著『ハードウェアハッカー〜新しいモノをつくる破壊と創造の冒険』
　　　(技術評論社)
　　　ジョノ・ベーコン著『遠くへ行きたければ、みんなで行け〜「ビジネス」「ブランド」「チーム」を
　　　変革するコミュニティの原則』(技術評論社)

僕たちは「分解のススメ」というコミュニティのメンバーで、面白かった分解事例をシェアしたり、コミュニティ外にも紹介できるようにイベントを開催したりする活動をしています。分解の面白さをシェアするのが目的で、技術に詳しいかどうかは問わないので、この本を読んで気になった方はぜひ覗いてみてください（p.106で詳しく紹介しています）。

感電上等！ ガジェット 分解の ススメ HYPER

第1章 分解はパンクだ！
気持ちよく分解するためのマインドセット……1

第2章 分解は実践だ！
何度もチャレンジで分解マスターまで突き進め……13

＊本文イラスト： サイバーおかん

第1章

分解は
パンクだ！

気持ちよく分解するための
マインドセット

電子ガジェットを「読む」

「まずはとにかく、手を動かしてみよう!!」と、言いたいところだけど、何事にも準備は要る。必要な道具は何? 何から始めるべき? どういうところに気をつければ良い? いきなりMacBookを分解してみても良い? はやる気持ちでいっぱいだけど、まずは心構えから。一見つまらなさそうと思うかもしれないけれど、実は分解を楽しむにおいて、マインドはめちゃめちゃ大事です。

設計者との対話

世の中にある電子機器、いわゆるガジェットは、当たり前ではありますが、誰かが設計したものです。工場で誰かが生産し、販売し、お金を払って誰かが買う。どの製品にも、関わったすべての人たちの工夫が詰まっています。

「原価を安くしたい」

「既存の設計を引き継いで、テストの手間を削減したい」

「組立てをラクにしたい」

「壊れにくくしたい」

「見た目をかっこよくしたい」

ただし、これらのほとんどは両立しません。頑丈にしたら重くなる。小さくしたらバッテリーの容量も少なくなる。何を作るかということは、何を作らずに諦めるかということでもあり、分解とは、このような作った人の想いを読み解いていく作業です。「分解の達人」バニー・ファンはこんなことを言っています。

たくさんの基板を見ているうちに、僕はそれぞれの設計者の文化ともいえるパターンや個人的なスタイルに気づき始めた。たとえばAppleの回路基板は黒くミニマルで、スティーブ・ジョブズがいつも黒いタートルネックを着ているように一貫した特徴がある。[1]

どの製品でも、その背景に綿々と歴史は続いており、前の型やもっと古い製品などから受け継がれている部分があります（例えば、部品の使い方や、基板上のフォントなど）。サッカーファンがボールの蹴り方だけでどの選手かわかるように、基板を見るだけで作った会社がわかるようになるものです。一見フワフワした言葉で語られる「Appleのモノづくり」「中国のイノベーション」「日本ならではのこだ

---

1 アンドリュー"バニー"ファン 著, 高須正和 訳, 山形浩生 監訳『ハードウェアハッカー ～新しいモノをつくる破壊と創造の冒険』技術評論社 (2018), p. 308

わり」というのが、具体的にどういうことを指していて、どういう文化的背景や産業のつながりから生まれたものなのか、分解することで手ごたえのある理解を得ることができます。

その「手ごたえのある理解」は、技術面に限ったことではありません。例えば近所の店頭に並んでいる何気ない製品でも、基板の空きスペースに絵やメッセージが仕込まれているということはよくあって、その内容に思わずクスっとするようなことがあります。そうした文化や遊び心を含めて、設計者の考えに触れることは、分解する人だけができる設計者との対話です。

⚡ 分解のバイブスを上げてくポイント

分解は楽しい。その楽しさは、人間の本能にある「わかったぞ！」という喜びが刺激されて生まれるものです。

世の中はさまざまなハードウェアでできていて、それらの仕組みを理解し、新しいハードウェアを作ることで、何千年もかけて人間は進化してきました。「仕組みがわかる快感」「自分の力で答えを見つける快感」こそが、分解のバイブスです。

例えば、人間そのものもハードウェアですし、今手に取っているこの本もハードウェアです。本は紙とインクというハードウェアで作られていて、白い部分とインクの黒い部分で光を反射する割合が異なり、人間の目はその光を捉えて電気信号に変換して頭に届けて……と、精密な機械のような仕組みが機能することで、この本を読むことができています。分解は、それを読み解いていくアクションです。言葉にすると難しい仕組みでも、実際に動いてるところを見ると体感で理解できるということは多いでしょう。時には、手を動かして理解するほうがはるかに簡単ということもあります。

楽器をいじってデタラメに音を鳴らしていたら、なんとなく気持ち良いフレーズになったことはないでしょうか。分解も同じように、さまざまな事実がつながって、目の前が急に開けるときがあります。「気持ち良いフレーズ」の多くが実は音楽理論に沿っているのと同じように、手を動かして分解しながら気づいた知見の多くは、学校で習った電気や物理の仕組みに裏づけられています。このようにして得た体感的な感覚は、座学で理論を先に学ぶよりも応用が利きます。一回の発見で急に遠くまで見えることがあるのです。

いろいろなものを分解していると、ところどころで、まったくの別物だと思っていた仕組みがつながる瞬間があります。例えば、最近の中国が急激に経済成長していながら、中国の製品がいろんなところで火を噴いている理由は、100円ショップのガジェットを分解する話につながっています。日本がデジタル時代に乗り遅れて、大銀行のシステムがしょっちゅうダウンし、僕らが使うサービスがアメリカのものばかりになってしまった理由が、ICチップを油で揚げてバーベキュー用のバーナーで炙ると、ちょっとわかります。

このように、分解しながら学べることは想像するよりもはるかに多く、さまざまな分野にわたります。しかし、ここでいちばん大事なのは、そうした実益は一つの結果に過ぎず、必ずたどり着けるゴールではないということです。

いちばん大事なのは、楽しんで分解し、気づきを楽しんでシェアすること。指先を怪我したりヤケドしたりしたことや、うっかりモノを壊しちゃうことまで含めて「面白かったな、今度はもっとうまくやろう」と考えることです。

「手を動かさないとわからない面白さに気づく」。それこそが分解のスタートでありゴールなのです。

⚡ 分解とモノづくりはセット
エンジニアリングとリバースエンジニアリング

　分解は、モノづくりの大事な一部でもあります。ミュージシャンが他人の曲を演奏しながら楽器や楽曲について学んでいくように、画家が模写をしながら絵画について学んでいくように、ハードウェアエンジニアは他人のハードウェア設計を見ながらハードウェアについて学んでいきます。僕の住んでいる「ハードウェアのシリコンバレー」中国・深圳では、ハードウェア関係のスタートアップ企業が多くありますが、どの会社に行っても、その会社で作っている試作段階のハードウェアと、同じカテゴリの既存のハードウェアが分解されて並んでいます。

　この本を書いている分解愛好家たちも、それぞれ自分たちのハードウェアを作っています。分解は壊すことではなく（結果的には壊れることも多いけど）、作ることの大事な一部分です。

　エンジニアリングは、さまざまな相反する要求や制約を現実のプロダクトに落とし込んでいく作業で、リバースエンジニアリングは、分解することでそれを読み解いていく作業です。エンジニアリングはクリエイティブな作業で、絶対的な正解がない中で一つのプロダクトを作り上げる。リバースエンジニアリングは学習的な作業で、一つのプロダクトを始点に開発者が何を考え、どういう決定をしたのかを読み解いていく。音楽を弾くことと聴くこと、スポーツを行うことと見ることのように、創ることも読み解くことも、ハードウェアをよく知るということにおいて大事な要素です。

⚡ ハードウェアは同じものを３つ買おう

　分解の良さはわかった、バイブスも上がってきた。ならばいよいよ、最初の一歩を始めてみましょう。

　分解するハードウェアを用意するにあたって、心に留めておいてください。当然ですが、**分解するとモノは壊れます**。慣れれば壊れない範囲で分解し、いじくり回して遊ぶこともできるけれど、もし「分解するぞ」という強い意志をもって新たに買う場合は、**最初から３つ手に入れてしまいましょう**。３つあれば、１つ目は完全に分解してしまい、２つ目はさまざまにいじくり回して、手をつけずにそのままの３つ目と比べることができます。

　手に入れるハードウェアは、ジャンク品や不要になったもの、もらいもの、ゴミ捨て場から拾ってきたものでも構いません。壊れているものでもOKです（もし壊れたガジェットを修理できたなら、それは分解と同じぐらい良い経験になります）。ハードウェアのエンジニアリングは、知識や経験が積み重なる世界です。「古い機械だから分解してもつまらない」なんてことはありません。

　もちろん、3個以上あればもっと良いでしょう。最初はわけがわからなくても、何個も分解していくうちに、そのハードウェアがどういうものなのか、だんだんわかってきます。

02

最低限そろえて
おきたいツール

電子工作になくて、
分解には必要なもの

分解のための道具ってことですが、あんまり
専用の道具って持ってないことに気づきました。
はんだづけする道具はいっぱいあるんだけど。

基本的な電子工作の道具があって、
＋αで分解用の道具って感じかなー。

うん、分解でよく使うのは、小型のマイナスドライバーで
すね。マイナスネジだけじゃなく、プラスネジにも使えるし、
外装のこじ開けにも使えるし。学生のころ、ロボットとか
作ってたときは、からだの一部だと思ってました(笑)

電子工作になくて分解にある要素だと、「こ
じ開ける」ですよね。分解を始めたばかり
で、手元にある道具でなんとかしようと
思うと、「こじ開ける」が大事になってくる。

プラスチックの道具だと傷がつかなくていいですよね。ギターピ
ックなんかもちょうどいいサイズでいいんだけど、ついドライバ
ー使っちゃうんだよね。外装壊しちゃってもいいなら、まあ何で
もいいかって話。すき間が細いときは、カッターナイフの刃とか。

こじ開けだとドライバーは万能感あ
りますね。僕は安い**スマホ分解セッ
ト**を使ってるんですが、焼きが甘くて、
ドライバーは力を加えるとすぐふに
ゃって曲がっちゃうんです。でもまあ、
安いんで、いくつも買ってます(笑)
一番便利なのは金属製のピックで、
やたら使ってますね。これでこじ開
けて、分解セットにあるヘラをねじ
込んでグリグリっと開けていく感じ
です。ヘラは先が丸くなっているの
で、両面テープでLiPo電池が留まっ
ていても、これではがせるんですよ。
表面を傷つけずに済む。

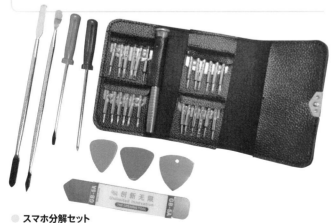

● **スマホ分解セット**
特殊なネジも回せるドライバー複数本と、ヘラやピックなど、分解に必
要なツールがまとまっているセット。通販サイトで「携帯修理ツール」な
どと検索すれば、2000円弱の安価なセットが見つかる。

それも全部マイナスドライバーでやっちゃいますけどね(笑)

それは危ない……(笑)でもたしかに、分解セットのドライバーだけだと穴が深いときに回せないことがあるので、長めのドライバーを別に持っておくと便利ですね。

あとよく使うのは**ヒートガン**で、ステーション型も持ってるんですけど、最近はハンディ型ばかり使ってます。パッと出して使いやすいので。

僕もそうです。ヒートガンってほとんど温調しないし、実はステーションいらないんじゃないかと。

● ヒートガン(ハンディ型)
熱風で炙って接着剤や両面テープもきれいにはがせるし、350℃程度の出力があるものなら、基板にはんだづけされている部品を外すときにも使える。

あとは、もし**はんだごて**を分解用に新しく買うとしたら、gootの1,800円くらいのUSBはんだごてがおすすめです(※定価は2,640円)。最近思い立って買ってみたら、初心者がよく買う、1,000円くらいのニクロムのはんだごてと比べてめっちゃ使いやすくて。デフォルトのこて先が、今流行りのD型なんですよね。
温調はできないんだけど、100均のモバイルバッテリーにつないで30秒くらいで使えちゃいます。これから新しく買うって人には、初手で買いやすいツールとしておすすめです。

僕はHAKKOのPRESTOを愛用してますね。ボタン押すと130Wくらいになって、部品を外すときとかに便利なんですよね。あと、耐熱キャップがついているのがいい。

標準装備で耐熱キャップがついてこの値段はいいですね。分解で「外す」用途のはんだごてとして。

あと、絶対必要ってわけじゃないけど、**超音波カッター**があるといいですね。

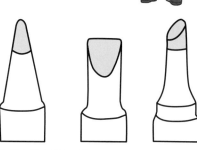

めちゃくちゃおすすめですね。1個あったら人生変わります(笑) ちょっと高いですけど。
僕は一番安いのを買って、23,000円でした。ZO-30ってやつかな。

それでも勇気が要るお値段。

● はんだごてのこて先
左から、はんだごてにデフォルトで付属していることが多いB型、マイナスドライバーみたいな形のD型、円錐を斜めに切ったような形のBC/C型。

その前は1,000円台のホットナイフを使ってたんですが、超音波カッターにしたらもう戻れないですね。バターナイフみたいに切れますよ。

バターナイフでバター切るみたいに、なんかぬるっと切れる。通販番組で、セラミック包丁でニンジン切ってるような感じです。

ぬるっと切れるの、最高にいいなー。めちゃめちゃ憧れのツールです。

なんか買いたくなってきました(笑)

電子工作の基本的なセットとかはんだごては持ってて、分解は初めてで、なるべくお金かけずにとなると、初期装備はマイナスドライバーとヒートガン代わりのドライヤー、こじ開け用の薄い板ですかね。ギターピックとかカッターナイフみたいな。

あとは、安いニッパーですよね。ラフに使えるもの。

● 超音波カッター
プラスチックの外装で、接着されて開けられないつくりになっているものは、超音波カッターで切って開けちゃう。プラスチックがバターのように切れて、一度使えばもう手放せない!

それ! 100均の、もうどうなってもいいようなニッパー。むしる、突っ込む、狼藉の限りを尽くす、特攻用ニッパーみたいな(笑)

それと要所要所で本来の目的で使うニッパーと、2種類ですね。

分解作業ではないですが、分解後の観察でよく使うものもありますよね。僕は**基板を浮かせて固定するツール**をよく使っていて、顕微鏡で見るときに大変重宝します。

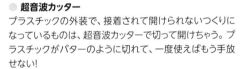

僕も持ってます(笑)

やっぱり(笑)ベストポジションを見つけないと結構滑っちゃうこともあるんですけどね。両面基板を平らな状態にして見たいときとか、顕微鏡で見るときはやっぱりあると便利ですね。

● 基板ホルダー
磁石で基板をはさんで固定できるツール。もともとははんだづけの作業台として使われるものだけど、両面に部品が多くついている基板でも平らな状態にできるので、顕微鏡で観察するときにも便利!

これは全人類買うべき。

あとは懐中電灯なんですが、小っちゃいのを1個持ってると、顕微鏡でICチップの刻印とかを見るときに便利です。いろんな向きから光を当てて、見やすい角度を探すのに使います。スマホの懐中電灯機能でもいいんですけど、スマホで写真も撮りたいので別途用意してますね。

お試し装備は
100均でそろえる!

分解ツールセットを一度見ると何が必要かわかってくるんで、100円ショップで今度似たようなものがないか探してみようかな。

100円ショップはたまにチェックしますね、特にコスメコーナー。

こじ開け用のヘラっぽいものが結構あったりするんですよね。眉毛バサミが配線切るのに便利だったり。個人的にはコスメコーナーに行くの、ちょっと勇気が要るんですけど(笑)

でも必須じゃないですか(笑)

ネイルやすりも細かく削れていいですよ。あとね、湾曲してない、まっすぐな爪切りがあって、基板の裏とかのリード線を切るのにすごい便利なんですよ。

眉毛抜きも、コネクタを抜くのにいいですよね。
100円ショップのコスメコーナーは宝の山です。

1000円以上出したくないって人は、100円ショップのコスメコーナーを攻める。力任せに扱って破損しても、あまり悲しまずに済むので(笑)壊れて買い替える前提の運用ですね。

お値段もそうですが、微妙に小回りが利くものが多いので、実際、うちの作業場の半分くらいは100均グッズだと思います。

たしかに、用途に特化した商品が多いですね。

ダイソーの「のりが付きにくいはさみ」もいいですよね。両面テープとか切っても全然くっつかなくておすすめです。

まだまだ知らない100均グッズが……。

隅から隅まで見ないとダメですね。園芸コーナーとか、キッチンコーナーとかも。

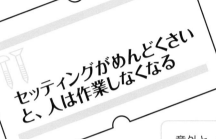
セッティングがめんどくさいと、人は作業しなくなる

電子工作とか分解をちゃんとやろうってなって買ったツールで、自分の中で一番高いのは、たぶん「いいデスクライト」。細々とした作業を家でしない人は、家にそういうものがないんですよ。なので、めちゃめちゃ意識の低い提案ですが、机の上を明るくしたほうがいい。

意外と、位置が調整できて動かしやすくて、光量が調整できるライトって少ないですよね。

私はZライト（山田照明のアームライト）を買いました。1万円ちょっとで、机にクランプで固定できて、アームがめちゃめちゃ動くんで、超ラク！ 最初のうちはあんまり気づかないポイントだけど、照明はほんと大事です。

「たかがそんなこと」と思いながらも、あると劇的に変わるんですよね。はんだごてもそうですし。

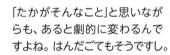

作業自体は楽しくても、セッティングがめんどくさいと人はやらなくなるじゃないですか。だから、ストレスがかかるところにお金をかけると、逆に後戻りできなくなってちゃんと続けるようになる（笑）

そういうところにまず100均グッズで、試してみるといいんですかね。試してみて良かったら、さらにちょっといいやつを買う。

できないことはないけど、時間かかるし気合いが要ると思ったら、たぶんそれは買替えの時期。

作業環境でいうと、デスクマットもありますよね。カッティングマットは100均でも買えるし、机を傷つけたり焦がしたりしないためにも、絶対あったほうがいい。

私もカッティングマット愛用してます！ 熱に弱いから、ほんとはシリコーンマットのほうがいいんだと思うんですけど、シリコーンってマステ留まんないじゃないですか。シリコーンマット使いたくない人は、カッティングマットか、木の板とか使ってるんですかね。

うちは木の板、愛用してますね。MDF板がテッパン。顕微鏡がちょうど収まるように穴を開ければ、顕微鏡で見ながらはんだづけできるし、便利です。

あとは、外したネジを絶対に失くさないようにするケース。私はケースもめんどくさくて、実はマステの芯の部分をケース代わりにするか、マステでマットや机にペッって貼りつけてるんですけど（笑）

昔、フリスクの空き箱を結構使ってましたね。ちょうどいいサイズだし、閉まるし。

分解したまま何日か置いとくときは、ちゃんとフタが閉まるケースがあるといいですね。

僕はネイルケース使ってますね。小分けで、それぞれフタが開くのがいいです。

ほんとにちゃんとしたやつなら、秋月電子のケースが一番便利ではあるんですけど、秋月でしか買えないので（笑）

思い立って、「今！」みたいなときには、やっぱ100均ですね。買おうと思ったときにすぐ買うか、ウィッシュリストに入れておかないと忘れちゃうから。特にビギナーのうちは、強い意志というか、チェックするリストを持って行ったほうがいい。

見ているうちに、ほかのものに目移りしちゃうので（笑）

正気になる前に買えってことですね（笑）

レベル別! そろえて役立つ分解ツール
チェックリスト

最低限のもので分解する!
ガチ入門者向け初期装備

- ☐ マイナスドライバー
- ☐ ドライヤー(ヒートガンの代わり)
- ☐ こじ開け用の薄い板(ギターピック、カッターナイフ)
- ☐ ニッパー(雑に使っても良いもの、100均でもOK)

慣れてきたら思わず手が出る、
初〜中級の装備

- ☐ ヒートガン(ハンディ型)
- ☐ はんだごて
- ☐ ニッパー(要所で使うもの、2000〜4000円程度)
- ☐ デスクマット(カッティングマット、シリコーンマット、木の板)
- ☐ 100均グッズ(ヘラ、眉毛ばさみ、まっすぐ爪切りなど)

本格的に取り組みたい君へ。
達人(?)を目指す上級装備

- ☐ 超音波カッター
- ☐ 照明環境(ゼットライト)
- ☐ 基板ホルダー(+デジタル顕微鏡)

コラム・分解の権利 ❶

——高須正和

　「分解やそのレポートを発表することは、法律的に問題ないの？」と聞かれることがあります。基本的には問題ありません。自分が合法的に手に入れたものの分解、またその結果の公開を妨げる法律は、日本にはありません。使用許諾契約や秘密保持契約などの特別な契約を結ぶ前提で入手できるハードウェア（例えば、ゲーム機の開発キットなど）は例外ですが、一般的に市販されているものなら、自由に分解したり、レポートを発表したりできます。

分解をめぐるスポンサーへの配慮

　分解の達人として知られるバニー・ファンの著書『Hacking the Xbox』は、その名のとおりマイクロソフトのゲーム機「Xbox」をいろいろな方法でいじってみるという内容で、彼が在籍していたMITの出版局から出版されるはずでしたが、マイクロソフトからの抗議で別の出版社からの発行となりました。このように媒体のスポンサーなどの意向で分解内容が表に出ることが妨げられることがあり、分解記事などを書く際にも、自分のブログではメーカー名を明記しますが、商業媒体での記事では伏字とされることはあります。本書でも製品名や企業名が伏せられているものがあります。一方で、そうした「配慮」をしながらも記事が公開されるということは、分解やそのレポートが法律的には何の問題もないということの逆説的な証明でもあります。

特許や営業秘密

　特許は出願から一定期間後に公開される性質のものです。もし、自分の作る製品に他人の特許で保護された機構を使いたい場合は、もちろん権利者と交渉する必要があります。ですが、ハードウェアを分解して特許で保護されたどのような機構が使われているのか具体的に確認して、どういうものか発表することは、すでに公開済みの情報ですので、何の問題もありません。また、市場に出回っているハードウェアの内部構造については「秘密として管理されている」とは到底言いがたく、営業秘密にも該当しないでしょう。

アメリカの DCMA（デジタルミレニアム著作権法）と日本の著作権法

　1998年にアメリカで制定されたDCMA（デジタルミレニアム著作権法）は、TPM（Technological Protection Measures、DVDのリージョンコードやゲーム機のコピーガードなどの技術的保護手段）を回避することそのものを違法にする、これまでの知的財産権保護よりも一歩踏み込んだ法律です。TPM解除の禁止はリバースエンジニアリングの禁止とも解釈できるため、議論に議論を呼んだ結果、例外として互換性検証目的でのリバースエンジニアリングは認められることになりました。

　日本でも技術的保護手段を回避する行為は著作権法や不正競争防止法により禁じられており、例えばB-CASカードを改造してコピーガードを外す行為は議論を呼びました。しかしながら、これらの法律は映像コンテンツなどの著作物を対象とするもので、ハードウェアの分解を制限するものではありません。また、ソフトウェアのリバースエンジニアリングについては、2018年の著作権法改正により明確に認められることとなりました。いずれにせよ、僕たちがハードウェアを分解したり、そのレポートを発表したりするうえでは妨げにならないのです。

　もちろん、例外はありえますので、危なそうな気がしたら専門家に相談したほうが良いでしょう（僕も、この文章は知的財産関係の仕事をしている知人たちにレビューしてもらいました）。

第2章

分解は
実践だ！

何度もチャレンジで
分解マスターまで突き進め

意識の低い 分解入門

分解って面白そうだしやってみたいけど、どうやって始めたらいいかわからない。電子工作のこととか電気のこととか全然わからないから、電気を使う製品を分解したら感電したり爆発したりしそうで怖いなって気持ち、超わかる。
そんな分解超初心者のために、まずは超入門、ギャル電流の意識の低い分解方法を紹介するよ!

とりま1000円分、分解してみよう

図1　100円ショップで買えるおもちゃの分解前と分解後

　分解に対する最初のハードルは、「せっかく使えるものを壊しちゃうのがもったいない」って罪悪感だったり、「何もわからないのに分解して、だから何なの?」っていう生産性のなさに対する警戒心だったりすると思う。でも、むしろ何もわからないほうがめちゃくちゃ楽しめる! 実際に自分がよく見て知ってると思ってるものでも、分解すると全然知らなかった一面が見えてくる。

　おそるおそるでも、ガジェットを分解して仕組みに触れると、「わからないけど、なんかちょっとわかった!」って思えるようになるし、その経験は全然無駄じゃない。自分でものを作るときの参考になったり、「一つひとつは単純なつくりのパーツだけど、組み合わせたら完成品になって動く」ってことを実

際に自分の目と手で先に確かめてから後で知識を身につけるほうが、先に本やインターネットで仕組み
を知るよりもわかりやすかったりする。

　まずは「考えるな、感じろ」っつーことで、100円ショップに行って1000円分、自分が「分解した
いな」ってバイブスを感じたものを買って、分解してみよう！

　おすすめは電池で動く小物やおもちゃ。電池を使っていなくても、ギヤ（歯車）が入っているものは、
分解すると楽しいよ（**図1**）。

　100円ショップのおもちゃを分解するだけなら、必要なツールはこれくらいしかないし、今すぐ始め
られる！

- ・ドライバー
- ・ハサミ
- ・ニッパー
- ・素手

バラした後も仕組みがわかりやすいように、部品を一つ取り外すごとに写真を撮るのがポイントだよ。

メモれ！ コピれ！ 逆再生Lチカ

　分解したら、**中の仕組みを観察してメモして
みよう**。LEDを使った光るおもちゃは「電池＋
LED＋点滅を制御する基板」だけのシンプルな
つくりが多いから、初心者でもチャレンジしや
すいよ。

　LEDが点滅する回路って、イチから電子部品
を組み合わせて作ろうとすると、初心者のうち
はけっこーむずかしい。苦労して完成させたの
に動かなくて、超テンサゲ↓（テンション下げ）
になることもよくある話。

　でも、最初からちゃんとLEDが光ってる完
成品を分解すれば、逆再生みたいな感じで、ど
うやってLEDが光ってるのか、何を外したり
入れ替えたりしたら動かなくなったのか、実際
に触って理解できるからわかりやすい。

　ちゃんとした回路図じゃなくても、自分が後
で見てわかれば全然オッケー！ 電池やLEDの
プラスやマイナスがどういうふうに接続され
てるのかに注目すると、回路図を書きやすい
よ（**図2**）。

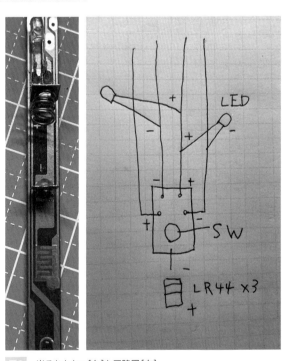

図2　光るおもちゃ[左]と回路図[右]

⚡ 数をこなして慣れる、同じものを何回も分解する

図3　100均のおもちゃやジャンク品を分解して「光る機能」を取り出してみたところ

　100均のおもちゃやジャンク品といっても、それぞれ個性がある（**図3**）。種類もいろいろあって、1回分解したから終わりってことは全然ないから、とりあえずお店に並んでる全種類を買って、分解しまくろう！

　振ると光る、スイッチをつけると点滅する、光に合わせて音も出る。使っている電池やスイッチも製品によってバリエーションがあって超奥深い。数粒のLEDの光を最大限に活かせるように、外装パーツも工夫が凝らされてて、めっちゃ見どころがあるよ。

　まったく同じ製品でも何度も分解してみると、1回の分解だけでは気づけなかった発見をすることがある。仕組みが気に入ったものや改造しやすそうなものを見つけたら、何度も分解してみよう。わたしの場合、光るおもちゃで気に入ったものがあれば、分解用に箱買いしちゃう！

　分解と改造、組立てを何回も繰り返してみると、同じように組み立て直したはずなのに、動くやつと動かないやつが出てくる。動かないのは悲しいけど、そうやって数をこなしていくと、分解するときに壊れやすい部分や故障するポイントがわかるようになるよ。

　何より、安い光るおもちゃは、めちゃくちゃ基板のはんだづけの治安が悪い（**図4**）。「なんで、これで壊れないで動いてるんだろう、奇跡じゃん」みたいな、ラフでハードコアなはんだづけの状態を見ると、自分のはんだづけも捨てたもんじゃないなって勇気が出る。治安の悪いはんだづけを改造するために、はんだを取り除いてははんだづけし、はんだづけしては取り除き、と繰り返してるとはんだづけスキルも上がってくし、とにかくいっぱい分解してみよう！

図4　安い光るおもちゃ[左]と
はんだづけの治安の悪い基板[右]

改造して「楽しいもの」を作ってみよう

　分解するのに慣れたら、分解したパーツをほかのものにくっつけて遊ぼう！

　大事なのは、「正気になる前に作り終える」こと。「これって何の役に立つのかな」とか「将来に対する漠然とした不安」とかを考え出す前に、「これとこれくっつけたら最高楽しそう！いえーい！！」っていう気持ちのまま作り上げるのがポイントだよ。

⚡ 目が光る、なんかわからないかわいい生きものを作る

　まずは、光るおもちゃから「光る機能」だけを取り出してみよう。

　100円ショップで「光るおもちゃ」を探すときのコツは、❶ スイッチでON／OFFできる、❷ LEDの点滅パターンが複数パターンある ものを探すといいよ。今回は目玉が光るカチューシャ（**図5**）をゲット！ 同じものを2〜3個買っておくと、失敗しても安心だよ。

　まずは外側から見えるネジを全部外してみる。100円ショップのおもちゃは電池ボックスの部品がかなり簡略化されてることが多いから、分解しようと外側のケースを開けた瞬間に電池を押さえるバネや電極の部品が飛んでって、元の形がわからなくなりがち。だからネジを外したら、中身を一瞬でも早く見たい気持ちをグッと抑えて、なるべくそっとケースを開こう（**図6**）。

　どこにどのパーツが収まっていたかの写真を撮るのも超重要！ 作業ごとに写真を撮っておくとバラバラになっちゃっても元に戻すヒントになるよ。写真撮るの忘れちゃった or わからなくなっちゃった場合は、焦らなくてもオッケー！ もう1個分解しちゃおう。

　分解するときに超重要なのは、「まず電池を抜く」こと！ 電池が入ったままだと、分解中に意図しないところに電気が流れちゃうことがある。電池を抜いておけば安心して分解できるよ（**図7**）。

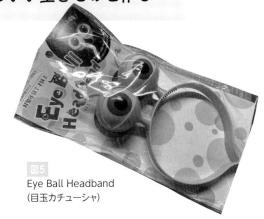

図5
Eye Ball Headband
（目玉カチューシャ）

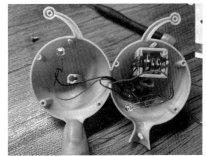

図6　ネジを外して目玉部分を開けたところ

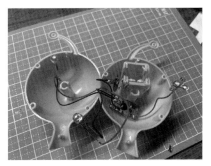

図7　まず電池を抜いて、電気が流れないようにする!

図8 基板の周辺をニッパーで少しずつむしって取り除く

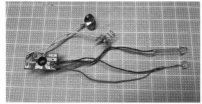

図9 おもちゃを分解して光るユニットだけを取り出したところ

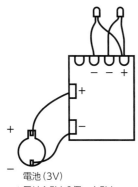

電池（3V）
※元は1.5Vx3個＝4.5V

図10 もともと4.5Vの電池が使われていたけれど、試しにコイン電池（3V）を電極にはさんでみたら、問題なく動いた

基板がケースから全然外れない！って場合は、裏側にべったり接着剤がついてる可能性がある。そういうときは無理に基板を外すと割れたり配線が外れちゃったりするから、基板がくっついてる周辺をニッパーで少しずつ壊していって、慎重に部品を取り出そう（図8）。

ちなみに、こういう荒めの作業でニッパー使うときは、ダメになってもいいニッパーを使おう。人に借りたちょっといいニッパーとかを使っちゃうと、繊細な刃がボロボロになって、借りた人との人間関係も壊れちゃうことがあるから気をつけてね。

おもちゃから光る機能の部分（以降、光るユニット）だけ取り出すと、こんな感じ（図9）。電池のプラスとマイナスにつながる電極とLED2個が、LEDの光り方を制御するICチップにつながってる。スイッチはICチップの裏側についてて、ケースがないと超コンパクト。

取り出した光るユニットを一回じっくり観察して、わかるところだけでいいからICチップのどこに何がつながってるのかを図に書いておくといいよ（図10）。写真を撮ってても、角度によって配線が見えづらかったりするから、どこにつながってるのか手で触って確かめながら図にしておくと、パーツを取り換えるときに役立つ！

光るユニットは小さいから、一見、ほかのものにくっつけて簡単に合体できそうだけど、ネックは電池ケース。

もとの電池と同じものを使えば確実に動くけど、100均のおもちゃの場合、電池と電池ケースが一体になってたり、がっちり接着されてたりして、再利用は難しいことが多い。そういうときは、電池ケースごと自分の使いやすいものに交換すると、遊べる範囲がめっちゃ広がるからおすすめ。

電池はとりあえず、もともと入ってた電池の電圧を確認しておく！ 電圧を変えたい場合は、ケースを取りつける前に、仮で自分が使いたい電池をプラスとマイナスの電極にくっつけてみて、動くかどうか確かめてからにすると失敗しづらい。

今回は、もともと1.5V電池×3個で4.5Vだったけど、3Vの電池（CR2032）で試してみたらイケそうだったので、3Vで改造してくよ！

基板と電極をつなぐ電線がはんだづけで接続されているので、はんだが盛られている部分にはんだごてを当てて、はんだを溶かす！ そしたらもともとの電線が外れるよ（図11）。はんだが溶けにくい場合は、一度はんだ線を当てて、追いはんだする（はんだづけ済みのところにさらに新しくはんだを乗せる）と溶けやすくなるよ。はんだ盛り過ぎ！ってなった場合は、はんだ吸取り線で吸い取ろう。

電極を外したところに、コイン電池ケースをはんだづけするとこんな感じ（**図12**）。もともとの電極と、プラスとマイナスが同じになるようにはんだづけしてね。プラス／マイナスを間違えなければ、シンプルな回路の基板は多少の改造でもちゃんと動くことが多いよ。

電池ケースは自分が使いやすいお気に入りのものを見つけたらいっぱい買ってストックしておくと、何か思いついたときにすぐ作れる。わたしはスイッチつきのCR2032コイン電池ケース（**図13**）を気に入ってよく使ってる！

電池ケースを交換しただけで、スイッチでLEDを光らせる仕組みがすぐ作れちゃう！ 今回はファーと組み合わせてみるよ（**図14**）。

目をつけたい位置に穴を開けて、ファーの裏からLEDを通してホットボンドで固定する。スイッチが上になるようにして、ICチップもホットボンドでくっつけちゃうよ。んで、ファーの片側にホットボンドを塗ってICチップをくるんで止めて、電池は交換しやすいようにファーの外に出しとく

図14 光るユニットとファー生地

（**図15**）。目が光るなんかわからないかわいいやつ、秒ででき上がっちゃうじゃん！！！

LEDを使った製品は簡単なつくりのものが多いから、LEDを取り替えて光の色を変えてみるとか、電池ケースを自分の使いやすいサイズに交換するだけで可能性無限大マックス！！！！

今すぐ100円ショップに走って、分解するしかない！

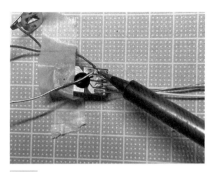
図11 はんだごてで電線を外すところ

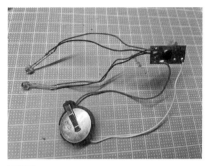
図12 電極を取り外してコイン電池ケースに交換

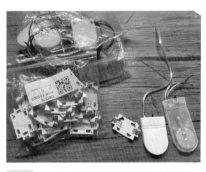
図13 スイッチつきのCR2032コイン電池ケース

図16 目が光る、なんかわからないかわいいやつ

完成!!

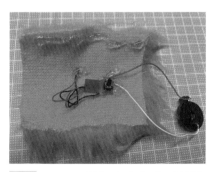
図15 ファーの裏側にホットボンドで直貼りしてくスタイル

アヒルちゃんスピーカーを作ろう

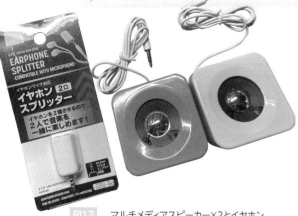

図17 マルチメディアスピーカー×2とイヤホンスプリッター

次は、スピーカーの機能を取り出して自分の好きなものに取りつけてみよう！ 100円ショップで電池が要らないタイプのスピーカーを2つと、イヤホンスプリッターをゲットするよ（**図17**）。

このタイプのスピーカーは仕組みが単純だから、ほかのものに取りつけたりして改造しやすいよ。イヤホンスプリッターは、なんとなくスピーカーが2個あるとかっこいいなと思って買った。1個でも別にいいかなって人は、イヤホンスプリッターはなくても大丈夫。

今回、ケースは再利用しないから、大胆に分解してくよ。ケースを外すときは、**安全メガネで目を保護してから作業しよう**。安全メガネがない人は普通のメガネでも大丈夫だよ。

外側のケースにネジとかがなくて、開け方がわからない場合は、とりあえずケースのつなぎ目に沿ってカッターナイフを差し込んでみて、開けられそうなところを探す（**図18**）。すき間が広げられそうなところが見つかったら、マイナスドライバーとかを突っ込んでテコの原理でこじ開けていくと開けやすいよ。カッターを使うときは、刃が滑って手を怪我しないように注意して作業すること！

図18 カッターでケースを開けられそうなところを探す

ケースを開けたら、ケーブルをケースから外して使うために、ケースを端っこからニッパーで少しずつむしっていくよ（**図19**、**図20**）。このとき、ケーブルに傷がつかないように注意してね。

スピーカーまわりのケースも、ニッパーでむしってはがしていく。接着剤でくっついてることもあるから、スピーカーが曲がったり、スピーカーにつながってるケーブルが外れたりしないように、慎重に少しずつ進めよう！

ケースから取り外したところで、1つ注意！ スピーカーとケーブルがつながってる部分は外れやすいから、マスキングテープかビニールテープで補強しておく（**図21**）。抜けちゃった場合は、めんどくさいけどはんだづけしてつなぎ直してね。

図19 ケーブルや部品を傷つけないように、ケースを慎重に取り除く

図20 スピーカーとケーブルを、ケースから取り外したところ

2個目のスピーカーも同じように分解して、取り出したスピーカーの部分をイヤホンスプリッターにつなげてみたよ（**図22**）。この状態でも音は出るけど、ケースがないから音はあんまり響かない。

というわけで、アヒルちゃんじょうろ（**図23**）をケースにして作り変えてみよう！！

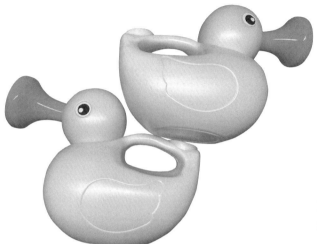

図21　ケーブルの接続部分をテープで補強

図22　スピーカーユニット×2をイヤホンスプリッターにつなげてみた

図23　アヒルちゃんじょうろ×2をケースに仕立てていく

図24　スピーカーがいい感じに収まりそうな位置を探す

図25　先にピンバイスで小さい穴を開けておくと、ハサミを入れやすい

まずは、スピーカーが収まる位置を決める（**図24**）。見た目のかっこよさ、穴の開けやすさを考えて決めるよ。

位置が決まったらアヒルちゃんに穴を開けるため、油性マーカーで印をつける。どこから穴を開けていけばいいかわからないときは、切り取る部分の上にピンバイスでいくつか穴を開けておいて（**図25**）、穴と穴の間をカッターやニッパーでつなげて広げていくと切り口が作れるよ。切り口ができたら、ハサミを入れて切取り線に沿って切る（**図26**）。

図26　切取り線に沿ってハサミを入れる

図27　もともとのつくりを利用できるのも良い

スピーカーを収める穴ができた！　できた穴にスピーカーのケーブルを通して、尻尾の穴（もともとあった、じょうろの水を入れる穴）から出しておく（**図27**）。

あとは、取りつけたい位置にスピーカーを置いたら、手で押さえつつ、ホットボンドで一気に固定しちゃおう（**図28**）！

2個目も同じようにしてイヤホンスプリッターにつなげたら秒で完成！　音が良くなったとかは特にない！　けどかわいー！！

「分解したものの機能を取り出して、ほかのものに取りつける」っていう改造は、簡単だけど、めっちゃ楽しい。分解に入門するにはとりあえず分解してみるしかない！　みんなも分解してみよう！！

図28　ズレないように片手で押さえながら作業するのがポイント

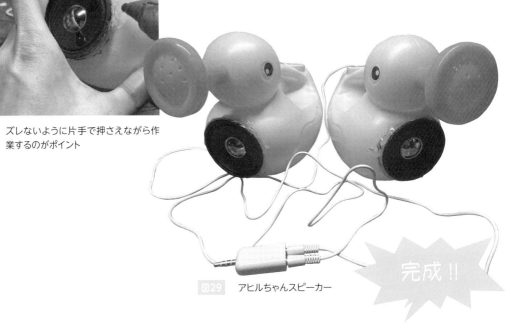

図29　アヒルちゃんスピーカー

完成‼

まずは100均ガジェットから分解せよ

「せっかく買ったものを、壊れてもいないのに分解する」ということに対する抵抗感がある方は多いと思います。100均ガジェットは100円〜高くても1000円程度で購入できますので、そんな「気持ちのハードル」を超えるのにおすすめです。コストを削るために「シンプルで基本機能に絞った」ものが多いのも、仕組みを知るのには最適です。

超絶簡単なつくりのものを開けてみる

まずは入門編として「分解しやすい」「仕組みがわかりやすい」「電子工作に使える」という観点から、3点を紹介します。

いずれも定番商品で比較的手に入りやすいものですが、100均ガジェットはコストアップなどの理由から継続的に販売されないものも多いので、面白いものを見つけたら、とりあえず買って分解してみましょう。

⚡ USB光学式マウス

100円ショップで購入した光学式のマウスです（**図1**）。Bluetoothや静音タイプなど、100均マウスにもさまざまなバリエーションがありますが、ここでは最もオーソドックスなUSB接続の有線タイプのマウスとしました。

・ポイント❶ 安い

PCをよく使う方なら、部屋のどこかに使わなくなったマウスが何個か転がっているでしょう。有線の光学式マウスは100円ショップなら100〜数百円、ハードオフのジャンクコーナーやリサイクルショップでも数百円程度で買えるので、罪悪感も少なく、思いついたらすぐ分解できます。

・ポイント❷ 分解した部品を電子工作に使える

マウスは、ドライバーでネジを外すだけで分解できるつくりのものが多く、内部に部品がぎっしり詰まっているわけでもないので、基板を取り出すのも簡単です。

図1 光学式マウスの外観

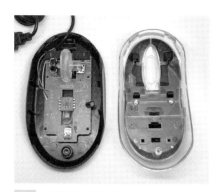

図2　開封したマウス本体

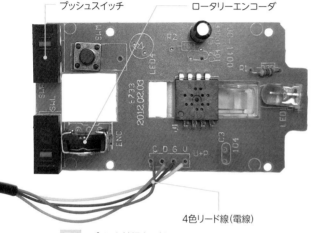

プッシュスイッチ　　　　　　ロータリーエンコーダ

4色リード線(電線)

図3　プリント基板上の部品

図4　光学マウスセンサのフタを開けたところ

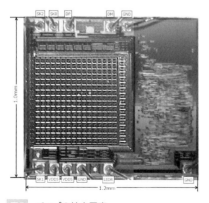

図5　チップの拡大写真

また、安く買えるマウスでは片面基板が使用されることが多く、回路構成もシンプルです。初めての分解や、プリント基板（絶縁体でできた板に、電子部品や配線が集約されて回路を構成しているもの）のパターンを追いかけて回路の動作を調べてみたいという方にもおすすめです。

本体を開けてみる（**図2**）と、マウスのクリックを検出するためのプッシュスイッチや、ホイールの回転を検出するロータリーエンコーダなど、電子工作で便利に使える部品がたくさんありました（**図3**）。有線マウスならUSBケーブルから4色リード線も入手できるので、電子工作をする方なら、ある意味「お得」な製品です。

・ポイント❸ 削らなくてもチップが見える

チップの観察は、分解の楽しいポイントの一つです。ICのパッケージ（黒い樹脂）の中にシリコンチップが入っており、ウェブ上の分解記事などでは、このようなチップの写真を掲載しているものもたくさん見かけます。

このようなチップの写真は、顕微鏡でチップを拡大して撮影するのですが、チップをむき出しにする必要があります。通常、チップは、プラスチックなどのパッケージで覆われているため、特殊な薬品を使用してパッケージを溶かしたり、ナイフで削り取ったりして取り除きます。

このマウスに使われている**光学マウスセンサ**は、マウスの底面側にあるプラスチックのフタがカッターでこじ開けるだけで簡単に外れ、パッケージの中にある、マウスの動きを検出する**イメージセンサ**のチップがむき出しになります（**図4**）。

むき出しになったチップは、顕微鏡で拡大して表面を観察したり、簡単にきれいな写真を撮ったりできます（顕微鏡があればベストですが、ない場合はルーペやスマートフォンの拡大鏡機能でもある程度は観察できます）（**図5**）。マウスの価格帯や種類によって、イメージセンサのサイズや周辺にある回路のパターンも異なるので、比べてみると面白いでしょう。

⚡ ラジコンカー

子どものころに買ってもらって遊んだという方も多いでしょう。「無線で操作する高級なおもちゃ」というイメージのあるラジコンカーですが、かなり安価なものが100円ショップで売られていました（図6）。デザインはシンプルなものの、「走る」「曲がる」といった操作もできる十分遊べる製品で、どういう仕組みになっているのか気になったので分解してみました。

・ポイント❶ とにかく安い

分解マニアの私でも数千円のラジコンカーの分解は少し躊躇しますが、今回分解するラジコンカーは、本体とコントローラで税込660円です。「分解して元に戻せなくなってしまっても、まあいいかな」と思える程度の値段で買えるのは、分解するうえで魅力的なポイントです。

・ポイント❷ 車の仕組みがわかりやすい

車のボディを開けるには、底にあるネジをドライバーで外すだけ。電線が長めになっていて、ボディを外すときに引っかかったりしないので、分解しやすいです。

本体のボディを開けるとすぐにモータやプリント基板があり、走るための構造やリード接続の結線を簡単に確認できます（図7）。

前進・後退のために後輪のトルク（回転力、前後に進む力）を調整する**組合せギヤ**、普通のモータを使って前輪を左右に曲げて舵を切るための**ラックギヤ**など、ラジコンカーをコントロールするための基本の仕組みを直接目で見ることができます。

ここでは、後輪の構造（前進・後退）と前輪の構造（左右に曲がる仕組み）を見てみます。

前進・後退を行う後輪のギヤは、2段階の組合せギヤになっています（図8）。「モータの軸についているピニオンギヤ→平ダブルギヤ→平ギヤ」という順番でサイズの小さいギヤ（歯数が少ない）とサイズの大きいギヤ（歯数が多い）を組み合わせ、回転数を減らすことで、ラジコンカーを前後に動かすためのトルクと操作しやすいスピードのバランスを確保しています。

左右のハンドル操作を行う前輪は、モータの軸についている**ピニオンギヤ**（丸いギヤ）で直線の平らな**ラックギヤ**を左右に動かすことで、回転を直線運動に変えています（図9）。

ラックギヤはタイヤの固定軸を中心にした**リンク構造**になっていて、左右に動くとタイヤが左右に曲がる仕組みです。

図6 ラジコンカーの外観

図7 ボディを外したところ

ピニオンギヤ
平ギヤ
平ダブルギヤ

図8 後輪のモータ駆動部

タイヤの固定軸
リンク構造
ラックギヤ
ピニオンギヤ

図9 前輪のモータ駆動部

図10 バネとダイヤルでの直進補正

　ラックギヤの下に裏面の突起をはさみ込むように**直進用バネ**があり、舵をとるためのモータが止まったらバネが中央に戻って、ラジコンカーが直進するような仕組みになっています（**図10**左）。

　車体の底側には直進補正用ダイヤルがあって、バネの中央位置を調整することで直進のズレを補正できます（図10右）。

⚡ 乾電池式 USB 充電器

図11 USB充電器の外観

　単3電池2本で動く、USB充電器です（**図11**）。USBケーブルや電池は付属しておらず、シンプルなつくりです。なお、スマートフォンの充電には使用できないとの注意書きがありました。

・ポイント❶ とにかく安い

　税込110円で買いました。最近のスマートフォンを充電するには電流が足りないのですが、小型のMP3プレイヤーやBluetoothヘッドセットの充電には十分使えます。出先などで困ったときにも気軽に買える値段で、分解用としても製品としてもおすすめです。

・ポイント❷ マイコンボードの電源として使える

　5V出力なので、電子工作でよく使うマイコンボードの電源としても使えます。おもちゃを改造してマイコンボードを内部に組み込む場合も、電源として使えるので便利です。

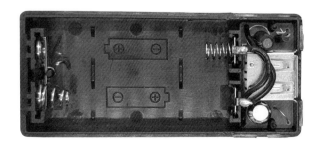

図12
ケースは接着剤で固定されているが、マイナスドライバーを差し込んでひねれば簡単に分解できる

・ポイント❸ 電池ボックスが手に入る

　基板を取り外した残りの部分は、電線を引き出してフタを閉めたら、電子工作の電源としても便利な電池ボックスになります（**図12**、**図13**）。空きスペースにスイッチをつけたり、小型のマイコンを組み込んだりと、いろいろと応用ができそうです。

図13　基板は小型で、電池とは電線で接続するつくり

安く作るための工夫を探る

　家電量販店などでは数千円以上するものが、100円ショップでははるかに安い値段で販売されているのをよく見かけます。100均ガジェットは、どうやって安さを実現しているのでしょうか？ 100均ガジェットを分解してみると思わず「へー」っと感心してしまうような、コストを下げるための工夫が見つかります。ここでは、3つの製品例を取り上げて紹介します。

⚡ ソーラー電卓

・工夫❶ 構造

　本体の構造は非常にシンプルで、ネジなどは使われておらず、プラスチックのツメを引っかけてパチンとはめ込まれているだけです（**図14**）。本体のすき間にマイナスドライバーの先端を差し込んで、ひねってツメを外していくと、簡単に分解できます。

　分解しやすいということは、すなわち組立てもしやすいということです。この「**分解しやすい＝組立てしやすい**」というのは、**製品を作るうえでのコスト（組立て工数）を減らすためには非常に重要な要素**の一つです。

図14　ソーラー電卓の外観

・工夫❷ プリント基板

　本体を開けてみると、表示用の液晶パネルと電源用のソーラーパネル、そしてプリント基板が1枚あるだけです（**図15**）。プリント基板には黒い樹脂に包まれたICが直接取りつけてあります。周辺部品はチップ部品のみです。これらの基板上の部品はすべて機械での実装が可能で、人手がかかっていない分、低コストでの組立てが可能です。

　また、ソーラーパネルや液晶パネルは部品単位で交換できるようなコネクタではなく、直接基板に接続されています。「故障しても修理せずに買い替える！」と割り切れば、ここでも部品のコスト削減ができます。

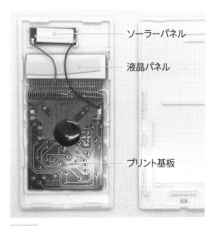

ソーラーパネル

液晶パネル

プリント基板

図15　シンプルな内部構造

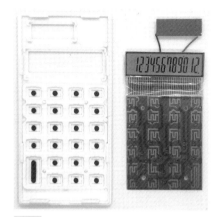

図16　キースイッチの構造

・工夫❸ キースイッチ

プリント基板の表側を見ると、部品としてのスイッチは何もなく、黒いインクでパターンが印刷されています（**図16**）。キースイッチ（数字が印刷されている押しボタン）の裏にも黒いインクが塗ってあります。

黒いインクは電気を通す塗料（**導電塗料**）です。ボタンを押すと基板側に印刷されているパターン（プリント基板上の回路のこと）に接触して、基板の2本のパターンを接続します。これによって押されたボタンを認識できるため、スイッチを使わずにたくさんのキーを並べることができます。

基板の表側の面に導電塗料で印刷されたパターンは、基板に開いた穴を通って、裏側の面にあるパターンに回り込んで接続されます（**図17**）。

両面パターンのプリント基板は、表側のパターンと裏側のパターンをつなぐ必要があります。通常は、基板に穴を開けて金属メッキなどを行うことで両面が電気的につながるようにしますが、今回の構造であれば安価な導電塗料の印刷のみで両面を接続することができます。製品の材料費を下げるためによく考えられた構造です。

表側　　　　　　　裏側
（キースイッチ面）　（基板パターン面）

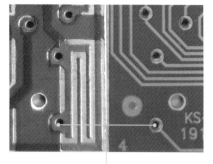

導電塗料が穴を通って回り込み、
基板パターンに接続される

図17　キースイッチと基板パターンが接続される仕組み

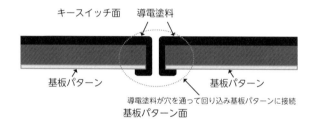

キースイッチ面　　　導電塗料

基板パターン　　　　　　　　　　基板パターン

導電塗料が穴を通って回り込み基板パターンに接続
基板パターン面

⚡ USB テンキーボード

図18　USBテンキーボードの外観

100円ショップで購入したUSB接続のテンキーボードです（**図18**）。価格は税込330円で、一般的な有線テンキーボードの半額以下でした。

・工夫❶ 構造

ケースを固定しているネジを外すだけで、簡単に分解できました（**図19**）。「**分解しやすい＝組立てしやすい**」というのは、コスト削減には重要な要素です。

・工夫❷ キースイッチ

分解すると、内部はキーパッドの裏面の位置に電極つきシートと制御基板があり、電極つきシートと基板はコネクタで接続されています。シートには、キーの位置に合わせた丸い電極とその間をつなぐ配線が印刷されています（**図20**）。また、シートに穴が開いていて、底面の突起（ボス）にはめ込むことで位置決めが簡単にできます。

電極つきシートを取り出して開いてみると、電極とパターンを印刷した1枚のシートを縦方向に折りたたむような形となっていました。

横方向電極が印刷されたシートと縦方向電極が印刷されたシートの間に、穴の開いたスペーサーシートをはさむように折り込んだつくりです（**図21**）。すると、キーが押されていないときは縦方向と横方向の電極間をスペーサーシートの厚みで絶縁でき、キーが押されたときは、縦方向と横方向の電極が接触して導通するため、押されたキーがわかります。

キーパッドの裏にはラバードームと呼ばれるゴムの突起が貼りつけられていて、キーを押したときの電極の接触、押した感じとキーのストロークを再現して、「スイッチっぽい感触」を作っています（**図22**）。

> この構造は「メンブレン式」といって、安価なキーボードではよく使われています！ メカニカルスイッチを使用したキーボードよりもはるかに安く製品化できますよ。
> 安いからといって侮るなかれ。こうして「安くても納得できる性能」を成り立たせるための構造上の工夫を探っていけるのは、100均ガジェットならではの醍醐味ですね。

図19 ネジを外すだけで簡単にパカっと開く

各キーの位置に電極がある

図20 キーパッド裏面の電極つきシート

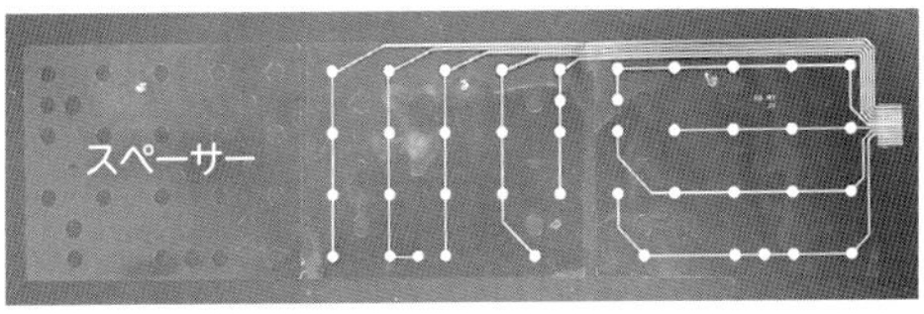

スペーサー

横方向電極 　　　縦方向電極

図21 電極つきシートを開いた状態

ラバードーム

図22 各キー裏のラバードーム

完全ワイヤレスイヤホン

図23　完全ワイヤレスイヤホンの外観

図24　電線で接続された部品を積み重ねた、組立てやすい構造

A面　　　　　　　　B面

図25　プリント基板

今度は、100円ショップの完全ワイヤレスイヤホン（Bluetoothイヤホン）を分解してみましょう（**図23**）。ワイヤレスイヤホンはTWS（True Wireless Stereo）ともいわれ、登場したばかりのころはもちろん、今でも1万円を超えるような高級品が多い製品ですが、ここで見ていく製品は税込1,100円という低価格で販売されています。

ワイヤレスイヤホンとしての基本機能も十分で、音質も通勤や散歩で使うには問題ないレベルです。

・工夫❶ 構造

イヤホン本体はツメで固定されているので、すき間にマイナスドライバーを差し込んでひねれば、簡単に開封できます。

内部は、スピーカー、バッテリー、基板が電線で接続されていて、それを順番に積み重ねた非常にシンプルな構造です（**図24**）。シンプルな構造、すなわち「**分解しやすい＝組立てしやすい**」が当てはまりますので、コストを大きく削減できるポイントになっています。

・工夫❷ ワンチップ化と共用化によるコストダウン

図25左（A面）の中央に実装されている黒い部品は、中国Bluetrum社のSoCです。SoCとは、System on a Chipの略で、ある目的やシステムに必要な機能をまとめて1つのチップで実現したものです。ここではワイヤレスイヤホンの機能を集約しています。

図25右（B面）の「U4」とある空きパターンには、タッチコントローラのICが実装できるようになっています。同じプリント基板で、ボタン式の操作とタッチ式の操作の両方に対応できるようにしておくことで、同じ基板を複数の商品に使えるようにしています。どちらか一方だけに使える場合よりも大量に生産できるため、これもコストダウンにつながります。

100均ガジェットを分解して、使えるものを取り出す

100円均ガジェットを分解すると、いろいろなパーツが使われているのを目にします。ここでは、そんなパーツの中から電子工作に使える充電池やセンサを紹介します。

⚡ リチウムイオンポリマー電池（LiPo電池）

取り出すもの	含まれるガジェット
小型・横長タイプ ・容量50〜100mAh ・定格電圧3.7V ・幅20〜30mm、高さ10mm 	Bluetoothワイヤレス片耳イヤホン　ワイヤレスイヤホン
小型・四角タイプ ・容量50mAh ・定格電圧3.7V ・幅15mm、高さ10mm 	完全ワイヤレスイヤホンのイヤホン部
中型・横長タイプ ・容量300〜400mAh ・定格電圧3.7V ・幅30〜40mm、高さ20mm 	ワイヤレスBluetoothスピーカー　完全ワイヤレスイヤホンの充電ケース部
中型・四角タイプ ・容量500mAh ・定格電圧3.7V ・幅35mm、高さ30mm 	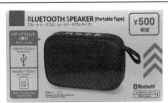Bluetoothスピーカー（ポータブルタイプ）

⚡ リチウムイオン電池

取り出すもの	含まれるガジェット
円筒型18650タイプ ・容量1200mAh ・定格電圧3.7V ・直径18mm、全長65mm 	 Bluetoothスピーカー（WS001）
円筒型14500タイプ ・容量500mAh ・定格電圧3.7V ・直径14mm、全長50mm 	 充電式ワイヤレスマウス

⚡ センサ

取り出すもの	含まれるガジェット
タッチセンサ ・電極と電線で接続する 	 調光タッチスイッチライト
タッチセンサ ・電極がプリント基板上にある 	 LEDミラーコンパクトタイプ

取り出すもの	含まれるガジェット	
照度センサ ・CdSセル 	 LEDセンサー付ナイトライト	
照度センサ ・フォトトランジスタ  **人感センサ(PIRセンサ)** 	 センサーライト	 LED電球人感センサー付き (40W形相当、昼白色)
温度センサ(サーミスタ) ・NTCサーミスタ 	 デジタル温湿度計(置き掛け兼用)	
温度センサ(サーミスタ) ・ガラス封止サーミスタ 	 デジタルキッチン温度計	

取り出すもの	含まれるガジェット
湿度センサ 	 デジタル温湿度計(置き掛け兼用)
フォトリフレクタ (反射型光電センサ) 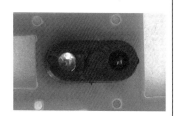	 オートディスペンサーアルコール用
重量センサ 	 デジタルキッチンスケール3kg

◆ 参考文献
(1)100円ショップのガジェットを分解してみる(note)
https://note.com/tomorrow56/m/ma0073059b5ac
(2)[番外編]100円ショップで手に入るLiPoバッテリー・リチウムイオンバッテリー(note)
https://note.com/tomorrow56/n/nc5f56edf7e90

第3章

分解は応用だ！

ひと工夫でさらにディープに広がる世界

似たようなガジェットを分解して比べてみる

ちょっとしたガジェットを買いに電気屋や100円ショップに出かけてみると、なんとなく外形が似ている商品をちょくちょく見かけます。メーカーや値段が同じならともかく、中には値段が何倍も違っているものもあります。パッと見はほぼ同じなのに、いったい何が差を生んでいるのでしょうか？　それぞれを分解して、さらに比べてみることで、違いがはっきり見えてきます。

アクションカメラ松竹梅

　深圳の電気街でよく見かける商品の一つに、アクションカメラがあります。からだや乗り物に取りつけて、スポーツやアクティビティの最中に躍動感がある撮影を行うための、小型のカメラです。

　よく見るのは数千円〜1万円程度のカメラですが、深圳を訪れた際に、50元（2016年当時のレートで約760円）のアクションカメラが売られているのを目撃しました。自分の常識をはるかに超える安さだったこともあり、「中身がどうなっているか見てみたい！」と購入して日本に持ち帰り、分解しました。

　この激安アクションカメラの分解をきっかけに、その後もさまざまな価格帯のアクションカメラの分解を行いました。ここでは激安（1000円未満）、中級（約3000円）、高級（約1万円）と、価格の異なる3つのアクションカメラを取り上げ、それぞれを比べつつ考察します（**図1**）。

図1
左から激安、中級、高級。見た目は似ているが……

深圳で見つけた激安アクションカメラ

図2　760円でもそれっぽい見た目

　さて、まずは760円の激安アクションカメラです（**図2**）。このカメラは深圳・華強北電気街で特売品として売られていたものです。1000円でおつりがくる激安プライスですし、印字のチープさは感じるものの、操作ボタンやmicroSDカードスロットなどのつくりはほかのカメラとさほど変わりありません。

　価格帯に関係なく共通することですが、この形状のアクションカメラは外部にネジが一つも露出していません。本来

であれば、筐体をよく観察して、パーツ同士がどのように固定されているのか、どうしたら分離できそうか確認するところから分解を始めるのですが、今回は前面パネルがツメで固定されていることをあらかじめ知っていました。なぜなら、このアクションカメラを購入する際に、店員さんが前面パネルを手で外してつけ替えるのを見ていたためです。購入時のちょっとした気づきが分解のヒントとなりました。

前面パネルとバッテリーを取り外すと、**図3**のようになります。分解中に思わぬところをショートしてしまうこともあるので、故障や発火を起こさないよう、バッテリー類はできるだけ最初に取り外しましょう。

パネルを外したら、電源ボタンが搭載されたプリント基板と、筐体四隅にあるネジが見えてきました。四隅のネジを外すと、**図4**のように、カメラのフレームが前に引き出せるようになります。フレームには、メインのプリント基板が取りつけられています。

しかし、これだけでは筐体と内部のフレームを完全に分離できませんでした。すき間から照明で照らしながら確認してみると、どうやら背面の液晶パネルが固定されたままのようです。前面からアクセスできる範囲にネジやツメはもう見当たらなかったので、今度は背面側から分解を進められないか検討してみます。

背面側は液晶パネルを保護するプラスチック製のパネルが取りつけられています（**図5**）。また、前面パネルとは異なり、カメラの胴体部分のパーツにツメで固定されているようにも見受けられませんでした。ネジが見当たらないことと、ツメではないことから、ここは接着剤か両面テープでフレームに固定されているのだろうとあたりをつけ、すき間からヘラでこじ開けてみたところ、無事に背面のパネルを外すことができました。

背面パネルは、液晶画面の周囲の部分が黒く塗られていて、内部のネジや構造を隠す役割もあるようです。また、黒い部分の裏は両面テープで本体内部のフレームと接着されていました。このように、さほど力がかからない部分、かつ接着できる面が十分にある場合は、両面テープがよく使われます。

背面パネルを外して出てきた2つのネジを取り外すと、**図6**のように、基板が取りつけられたフレームと外側の筐体に分離することができました。

図3 ここまでは簡単に分解できる

図4 ネジを取り外すと部品がスライドしてくる

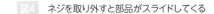

図5 裏は接着固定

図6 本体内部のフレームと外側の筐体に分離できた

さらに、フレームと基板を固定しているネジを外し、基板を取り出します（**図7**）。コストダウンのためか、一番大きな基板（メイン基板）と、上面にあるシャッターボタン用の小さな基板（ボタン基板）とは、はんだづけだけで接合されていました。はんだづけはメイン基板とボタン基板の間の配線の接続にも使われています。また、組み立てたときにフレーム側の溝に基板が差し込まれるつくりとなっており、はんだづけで固定する際に基板がずれたりしないようにする工夫も見受けられます。

いよいよ、基板からLCD（液晶ディスプレイ）モジュールとカメラモジュールを取り外し、基板上の電子部品類を確認していきます。後に紹介する、より高価なカメラと比較するとよくわかりますが、基板上のICの数は非常に少ないです（**図8**）。配線を追っていくと、イメージセンサ、LCD、SDカードの制御は64ピンのメインの制御用ICが一手に引き受けていて、そのほかはメインの制御用ICのプログラムが入っていると思われるフラッシュメモリICと、電源供給やスピーカーを駆動するためのICだけです。

分解する前は、イメージセンサで撮影した映像を圧縮してSDカードに書き込む処理のため、データを一時的に保管しておくためのDRAM ICがあるだろうと予想していました。しかし、そのような専用のICはありませんでした。そこでメインの制御用ICを分解し解析したところ、DRAM ICはメインのICのパッケージに内蔵されていることがわかりました。後日、このICメーカーサイトで調べてみると、アクションカメラのような小型ビデオカメラを作るための専用ICを多数作っているようです。このICとぴったり仕様が一致する製品は見つかりませんでしたが、今回のアクションカメラに搭載されていた制御用ICも同様の専用ICだと考えられます。

基板を見ていくと、部品が実装されていないパターンがたくさんあります。例えば、基板中央に実装されていないコネクタのパターンがあります。配線を追うと、LCD用のコネクタと同じ信号が配線されているため、コネクタが異なるLCDモジュールを使うためのパターンだとわかります。今回紹介するカメラはすべて2インチのLCDを搭載していますが、より小さいLCDを搭載する機種で、今回未実装だったコネクタが使われているのを見たことがあります。

さらに面白いのは、microUSBコネクタのすぐ下に、microHDMIコネクタを取りつけるためのパターンがあることです。しかし、コネクタからICに信号線はつながっていないようでした。より高価なアクションカメラでは「実際に使える」microHDMIコネクタがついていることもあるので、見た目だけそれに合わせたのでしょう。

図7 さらにネジを外すと、フレームと基板を分離できた

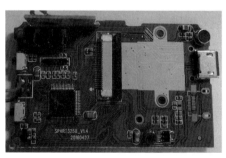

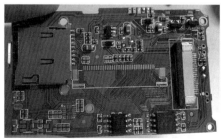

図8 基板上のICの数は非常に少ない

また、カメラモジュールのレンズを取り外して、顕微鏡を使ってイメージセンサの表面を確認すると、「GC0309」という文字を確認することができました（**図9**）。GC0309は 中国GalaxyCore社 のVGA解像度（640×480）のイメージセンサです。カメラの外装には「HD 1080P」とありますが、イメージセンサ自体にはそこまでの解像度はないということがわかりました。

図9　イメージセンサの型番は「GC0309」

かなり様子が変わる中級アクションカメラ

次は中級アクションカメラを分解していきます。とはいっても、**図10**のとおり、外にmicroHDMIコネクタがついている以外、おおまかな構造は一緒です。このmicroHDMIコネクタは激安アクションカメラと違って「飾り物」のコネクタではなく、配線がICにつながっていて、きちんと使えるもののようでした。

激安アクションカメラと同じ方法で内部のフレームを取り出した状態が**図11**です。激安アクションカメラでははんだづけとフレーム側の溝による位置合わせで固定されていたボタン基板ですが、中級アクションカメラではフレーム側のツメによって固定されています。また、メイン基板とボタン基板の接続は直接のはんだづけではなく、電線が使われています。

内部のフレームから基板を外すと、激安アクションカメラとはかなり様子の異なる基板が見えてきます。激安カメラの基板では部品がまばらでしたが、中級アクションカメラでは、さまざまな部品が取りつけられていることがわかります（**図13**）。また、カメラモジュールがある側には、放熱用のシートが取りつけられています（**図12**）。

図10　中級アクションカメラはHDMIつき（左）
　　　分解の手順は激安アクションカメラと同じ（右）

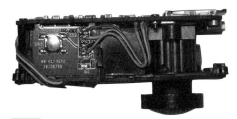

図11　ボタン基板はケーブルとツメで取りつけられていた

図12　フレームから基板を外すと放熱用シートが目に入る

図13　激安アクションカメラ（図8）と比べると、部品がびっしり

放熱用シートの下には、メインの制御用ICである台湾iCatch Technology社のSPCA6350AというIC が取りつけられていました。また、激安アクションカメラの分解では個別のICとしては搭載されていなかった画像処理用のDRAM ICも、その隣に搭載されていました。これらのIC間をつなぐ多数の信号を省スペースで引き出すため、DRAM IC、制御用ICのどちらにも、BGA（裏面に多数の端子が並んでいる形状のパッケージ）が使われています。

　中級アクションカメラは無線リモコンやWi-Fi通信機能を搭載しており、これらは激安アクションカメラにはありません。機能が増えれば対応する部品も必要になりますので、部品増の要因の一つではあるでしょう。しかし、最大の要因は、電源回路の増加といえそうです。

　激安アクションカメラには2つの単機能の電源ICしか搭載されていませんでしたが、中級アクションカメラではRockChip社のRK816という、複数の電源系統の同時生成やバッテリーの充電管理ができるICが搭載されています。激安アクションカメラに比べて、制御用ICの高機能化や、無線通信用ICの搭載などにより、さまざまな電源系統が要求されるため、このICを搭載しているのでしょう。おかげで単機能の電源ICを使う場合に比べてICの数は抑えられますが、それぞれの電源系統ごとにコンデンサなどの部品が多数必要になるため、部品の数は大幅に増えています。

　イメージセンサについては顕微鏡で観察しても型番らしき情報は見つけられませんでした。しかし、メイン基板とカメラモジュールをつなぐフレキシブル基板に「OV4689」という文字が書かれていました。「OV4689」はOmniVision社の2.7K解像度（2688×1520）のイメージセンサです。仕様書に書かれている部品のサイズと、顕微鏡での観察結果から計測した部品のサイズが同じだったことから、おそらく実際にOV4689が搭載されていると推測できます。このことから、このアクションカメラは4K解像度対応と謳っていますが、実際には2.7K解像度の映像をアップコンバートして4K映像を生成していると考えられます。

⚡ 高級アクションカメラは何が違うのか？

　最後に、約1万円の高級アクションカメラを分解してみましょう。2017年時点で、このメーカーの最上位モデルだったカメラです。高級といえど、基本的な構造はほかのアクションカメラと同じです。しかし、前面パネルを外すと見えるボタン用の基板がこれまでのアクションカメラと違って柔軟性のあるフレキシブル基板になっています。状態表示用のLEDが前面についているため、基板が占めているエリアも広くなり、細かい部分では、品質管理用のシリアルナンバーや製造時期が記載されたシールが貼ってありました。さらに、前面パネル側にはLEDの光を透過させるようなパーツや、今まではなかったメーカー名の刻印も見られました（**図14**）。

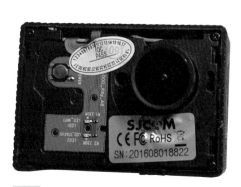

図14　高級アクションカメラも基本構造は同じ（左）
前面パネル裏にあるメーカー名の刻印（右）

そのほかの部分も、これまでのカメラと同じやり方で分解していくことで、メインの基板を取り出すことができました。先の2台と比べて部品が多いことがひと目でわかります（**図15**）。ここでも、部品数が多くなっている主な理由は電源回路まわりのようです。

中級アクションカメラは複数の電源電圧を同時に生成できるICを使っていましたが、高級アクションカメラではそのような電源ICは使用せず、制御用ICやイメージセンサが必要とする電源電圧を個別の電源ICで生成しているようです。特に、イメージセンサ向けの電源を作っていると思われる電源ICについては、メーカーの仕様書に「Ultra-Low Noise」と記載がある電源ICが使われていました。イメージセンサが光の強さを電気信号に変換する回路の部分はアナログ回路で構成されています。アナログ回路は電源のノイズの影響を受けやすいため、このような配慮がされているのだと考えられます。

そのほか、メインのバッテリーを取り外した状態でも日付情報が消えてしまわないよう、データを保持するためのバックアップバッテリーが搭載されていました。これは中級アクションカメラにはなかった部品です。一方、Wi-Fi通信モジュールのICは、中級アクションカメラと同じものが使われていました。よく使われる機能に関しては、数の出回っている汎用品を活用するという考え方のようです。

図15 メイン基板上の部品数は中級アクションカメラ（図13）よりさらに多い

松竹梅、比べて見えてくること

さて、ここまでで激安、中級、高級の3種類のアクションカメラを見てきました。どのカメラも「動画を撮影する」「SDカードに動画を記録する」「LCDで撮影した画像を再生する」という基本的な機能は同じですが、値段によって中身がまったくといっていいほど違います。イメージセンサの解像度が低く、画像処理ICや処理中の画像を一時的に記憶しておくためのDRAM ICに要求される処理能力や記憶容量も比較的小さいため、激安アクションカメラではほぼすべての機能が1つのICに集約されています。一方、中級・高級アクションカメラではDRAM ICが画像処理ICとは別に取りつけられていたり、電源回路がより複雑になっていたりします。

Wi-Fi通信機能のように、中級・高級アクションカメラにしか存在しない機能もありますが、激安アクションカメラに単純に付加価値のための部品を追加すると中級・高級アクションカメラになるわけではなく、中級・高級アクションカメラではカメラとしての基本的な機能の性能を高めるためにも多くの部品が使用されています。

一方で、前面パネルや背面パネルの取りつけ方法や、メインの基板が取りつけられているフレームの構造など、メカ（機構）的な構成はどのアクションカメラも非常に似ています。外側の筐体のサイズもほぼ同じでした。これは防水ケースなどのアクセサリを共通化することで安く調達するための工夫だと考えられます。また、ここまででは触れていませんでしたが、実はどのアクションカメラも同じサイズのバッテリーが使われていました。画質や使い勝手に大きく影響する部分はどこかを見極めて、コストの許す範囲でそこに注力する一方、汎用品が使える部分は汎用品を最大限活用してコストダウンを図るという考え方が、比較することで見えてきます。

謎の教育AIロボ「marbo」

さて、比較事例をもう一つ紹介します。アクションカメラは価格もメーカーもバラバラでしたが、今回は教育ロボット「marbo」のバージョン違いの2機種です。

かわいらしい見た目の教育ロボット

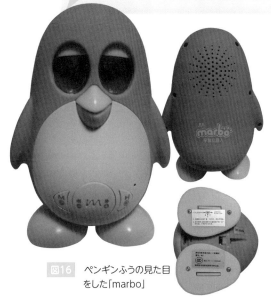

図16 ペンギンふうの見た目をした「marbo」

図16が今回分解する教育ロボットの「marbo」です。外箱の売り文句によると、中国語で話しかけられた内容に応答したり、頭をなでると反応したりする、幼児向けの教育ロボットということです。

胴体の部分は2色になっており、おなかの周辺は硬いプラスチック、それ以外の部分はシリコーン樹脂のようなマットな手触りでした。ぐるっと本体を観察してみると、底面にUSBポートと電源スイッチ、そのほかにフタのようなパーツがありました。フタのようなパーツが気になったのですが、先に足のパーツを外さないとフタパーツも外せないつくりになっていたので、順番にネジを外していきます。

足パーツを外すと、板状のパーツが残ります（**図17**）。電源を入れてみると、このパーツが上下に動きました。左右交互に上下し床面を押すことで、足と本体が持ち上がり、marboが左右に揺れてステップしているように見えるという仕掛けです。

さらに分解を進め、フタを留めているネジを外すと、無事フタが外れ、緩衝材に包まれたリチウムイオン電池が出てきました（**図18**）。なかなか乱雑なつくりです。しかし、周辺のパーツをよく観察してみると、単3電池4本を取りつけるように表示があります。どうやら、もともとは単3電池用の電池ボックスだったところに、リチウムイオン電池を無理やり詰め込んだということのようです。

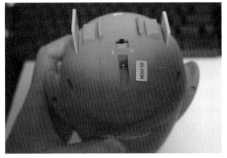

図17 足パーツを外すと板状のパーツが見える

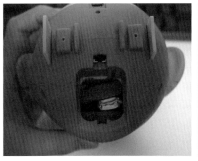

図18 電池ボックスにはサイズの合わないリチウムイオン電池が乱雑に詰められていた

中身はケーブルだらけ

　本体背面のネジを取り外すと、筐体が前面と背面に分かれます。**図19**のとおり、大量のケーブルが筐体内に張り巡らされていました。背面側筐体に取りつけられているスピーカー、電池ボックス、USBコネクタとスイッチへの配線を取り外し、たくさんの部品が取りつけられている前面を中心に見ていきます（**図20**）。

　足の板状のパーツは、いくつかのパーツを介して筐体下部のギヤボックスに接続されています。また、筐体の頭と手の部分には銅箔テープが貼ってあります。銅箔テープ面がタッチセンサの電極となり、頭や手の部分に触れると検知する仕組みです。

　ギヤボックスの出力がクランクのような機構につながり、左右に振れながら上下に動くことによって両足につながる板を交互に押し出していました（**図21**）。さらに、クランクを構成するパーツには突起がついていて、ギヤボックスに取りつけられた薄い金属板でできたスイッチを1周ごとに1回押すようになっていました。このスイッチの信号をマイコンで監視することで、足がどのくらい動いたかを確認できるというわけです。おそらく、ちょうど足の板パーツが両足とも引っ込められた状態で動作をストップするためのものだと考えられます。

　足パーツとギヤボックスを筐体から取り外すと、足パーツと同じようなクランクを使った機構（スライダクランク機構）が出てきました。ギヤボックスの出力の回転運動を足パーツと同じような方法で上下運動に変換しています。上下運動は針金を通してmarboの目の上部にあるパーツに伝えられ、まぶたが上下に動く動作を実現しています（**図22**）。このように、おもちゃのようなコスト制約の厳しい商品では、一つのモータの動力で複数の機構を同時に動かしたり、簡単なスイッチとマイコンの組合せで制御したりといった創意工夫がよく見られます。

図19　背面のネジをすべて外すと、ケーブルだらけの内部が見えてきた

図20　前面にほぼすべての回路とモータ、ギヤボックスが取りつけられている

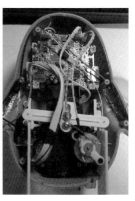

図21　ギヤボックスの回転運動を、複数のパーツで上下運動に変換している

図22　ギヤボックスの裏側には、まぶたを動かすための機構があった

液晶パネルで目を表現

　さて、いよいよmarboの動作を司る制御基板です（**図23**）。基板の表面（筐体の外に接する側）には大きなLCDモジュール（液晶パネル）が搭載されていました。基板、バックライト用のLEDと導光板、LCDが一体になっています。このLCDと、筐体の目の部分にはめ込まれている透明なパーツ、まぶたのパーツによってmarboの目が表現されています。

　次に、基板裏面を見てみると、中央にある樹脂で固められた部分がメインの制御用ICのようでした。右下にはSDカードと48ピンのICが見えますが、SDカードの内容を調べてみたところ、中国の昔話のMP3ファイルが入っていました。外箱にも、中国の昔話を再生してくれる機能があると書いてありましたので、その機能を実現するためのMP3再生回路だと考えられます。そのほか、珍しいところだと基板左側に振動センサが取りつけられています。管の中に電極と金属球が入っていて、本体が揺れたり傾いたりしたときにON/OFFされるシンプルな仕組みです。marboが持ち上げられたり、倒されたりしたときの検知に使っているのでしょう。

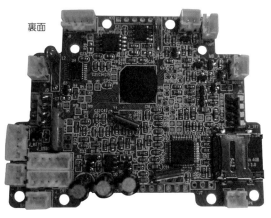

図23　制御基板の表面には、目を表現するための液晶パネルが搭載されている

謎の仕込みたち

図24　メカにも気になるところが……

　ここまででmarboのメカと回路をひととおりチェックしてきましたが、いくつか気になる点があります。1つ目は、最初に触れた電池ボックスです。明らかに単3乾電池を思わせる形状の電池ボックスにもかかわらず、無理やりリチウムイオン電池が詰め込まれていました。

2つ目はくちばしです（**図24**）。よく見るとくちばしにも駆動用の針金が通る小さな穴が開いており、くちばし上側の辺を軸として動かせるような取りつけ方法になっていました。また、ギヤボックスの上部、くちばしの裏にあたる位置には、何かを取りつけられそうな四角形の枠があります。ここまで分解して、どうやら設計者は何かしらの方法でくちばしを動かそうとしていたのではないかと考えました。それを裏づけるように、制御基板側にも「MOUTH」と書かれた未使用のコネクタがあります。

この時点では、上記の点から「ギリギリまで別の仕様で設計していたが、製造直前に電池やくちばしの仕様が変わり、中途半端な状態で製造されてしまった」のだと考えていました。

英語版 marbo を入手!

最初のmarboの分解から時は流れて4年後、当初分解した中国語版のmarboではなく、英語版のmarboを偶然入手しました（**図25**）。

一見そっくりな2つのmarboですが、いくつか差があります。最もわかりやすいのは本体背面の見た目です。中国語版は背面にネジ穴が見えますが、英語版にはありません。また、中国語版と異なり、英語版は単3電池4本で動作する仕様でした。そして、なんと英語版は電源を入れるとくちばしが動いたのです！

くちばしが動くとわかったところで、中国語版marboを分解したときに気になっていた箇所が英語版marboではどうなっているのか確認するため、さっそく分解を始めました。そこで気づいたのは、中国語版と英語版は見た目こそ似ていますが、筐体のつくりがかなり違うということでした。

中国語版に対して英語版の背面にはネジ穴がないと説明しましたが、そのわけはすぐにわかりました。英語版は筐体全体がシリコーン樹脂のカバーで覆われていたのです。シリコーン樹脂のカバーを留めているプラスチック製のパーツをいくつか外すことで、内部の卵型の筐体とカバーを分離することができました（**図26**）。中国語版marboの筐体は卵型ではなく、手の部分も含めて一体化されていましたが、英語版marboでは手の部分はメインの筐体とは別のパーツとして構成されています。

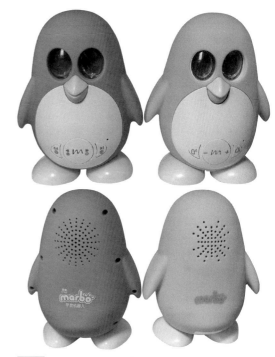

図25　左が中国語版、右が英語版のmarbo

図26　英語版marboのカバーを外したところ

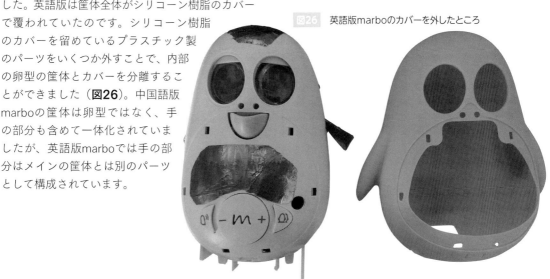

カバーを外し、メインの筐体背面にあったネジを外すと、中国語版marboと同様、筐体内部を確認できます。すると、ギヤボックスの上には直線運動をするソレノイド（電磁石）が取りつけられていて、そこから伸びた針金がくちばしを駆動させていることがわかりました（**図27**）。また、ソレノイドの制御信号は、メインの制御基板の「MOUTH」と書かれた部分のコネクタへとつながっていました。そのほか、メインの制御基板上にあったMP3再生回路の部品が英語版では省略されていることと、一部配線ミスの修正のために基板製造後に手で配線をした形跡があること以外は、中国語版marboと同じでした。

図27　くちばしの部分にはソレノイドがついていた

中国語版と英語版を比べて考えてみる

英語版marboの分解により、中国語版marboの分解の際に気になっていたくちばしやギヤボックス上の使われていない構造は、別モデルでくちばしを駆動するために使われていることが判明しました。また、中国語版ではmarboの体の部分と手の部分が一体のプラスチックパーツになっているのに対して、英語版では体と手が別々のパーツになっていて、それらをシリコーン樹脂のカバーで包むようなつくりになっていました。

これらの違いを並べてみると、中国語版は英語版からくちばしの駆動機能を省略し、さらに筐体の組立ての手間も少なくなるように改善されていると考えることもできます。つまり、後から分解した英語版が初期のモデルで、中国語版は初期モデルの反省点を改善した新モデルではないかということです。また、電池ボックス付近に製造番号のようなラベルが貼られているのですが、中国語版は「M2」、英語版は「M1」から始まっており、推測ではありますが、中国語版のほうが新しいモデルであると示唆しているように思います。

一方、筐体の設計が大幅に変わっているため、電池まわりも変更のチャンスがあったはずなのに、中国語版は単3電池4本仕様の電池ボックスのままでリチウムイオン電池が使用されていました。この点については、中国国内向けはリチウムイオン電池仕様、海外向けは乾電池仕様というように、同時期のモデル間で使い分けがなされている可能性もあると考えます。

このように、バージョン違いの2つの製品を分解することで、設計者が製品を改善していく軌跡や、初回の分解時は設計者の意図がわからなかった部分の答えが見えてくることがあります。

いろいろな軸で比べて考えてみよう

ここまで、同じ製品ジャンルで価格帯が異なる製品の分解比較と、同じメーカーでバージョン違いの製品の分解比較を行いました。似たような製品を複数分解し、さまざまな軸で比較することで、製品同士の共通点や違う点が見えてきます。これらのポイントは、何かほかの製品を分解するときや、そのメーカーがどうやって製品を差別化しようとしているのか考えるときの大きな手がかりになります。ぜひみなさんも何かを分解したら、ほかのものと比べて、共通点や違う点を見つけ出してみましょう！

チップの中まで揚げて炙って とことん攻めまくれ

ここまで、いろいろな分解を見たり実践したりしてきました。これらは触れたり目で見たりしてわかるものばかりでしたが、電気で動くものによく入っているICチップは、黒いパッケージまでは見られても、その中まで見る機会はなかなかありません。ここではICチップの中まで、分解と観察を進めてみましょう。ある意味、分解沼の最も底の部分ともいえます。

チップを観察するための準備

まずは基板から部品を外す

　ここまで見てきたように、ICチップを含む電子部品はだいたいプリント基板にはんだづけされています。ICチップの中を観察するために、まずはプリント基板から取り外します。なお、ここではできるだけ「**どこのご家庭にもある道具**」を活用して分解を行います。

　電子部品をプリント基板から取り外す方法はいくつかあります。よく使われるのは**ホットエア**という、はんだが融けるほど高温の熱風を送り出す道具で、その熱風ではんだを融かして部品を取り外します。基板の修理でよく使われる方法ですが、どこのご家庭にもある道具とはいえません。身近にある温風が出るものといえばヘアドライヤーですが、そのくらいの温風でははんだはびくともしません。

　要は、プリント基板全体をはんだが融けるくらいの温度まで上げれば部品が外れるわけです。そこでどこのご家庭にもある道具でできる「**基板を揚げる**」という方法を紹介します。

　天ぷらや唐揚げなどの揚げ物を揚げるときの温度は160～190℃が適温だそうです。はんだが融ける温度が200℃前後ですから、揚げ物の温度と同じくらいです。つまり、揚げ物を揚げるときの要領でサラダ油を熱し、そこに電子部品が載ったプリント基板を入れれば、はんだが融けて部品が外れるはずです。

　はんだには、鉛など人体に有毒な成分も入っていますから、基板を揚げる天ぷら油や鍋などの道具は、食べる天ぷらを揚げるための油や道具とは別のものを使いましょう。また、取り外した部品は錆びたりして動作しなくなる場合がほとんどなので、再利用は期待できません。

図1
用意するものの一例

表1　用意するもの

> ・サラダ油
> ・天ぷら鍋、または相当の鍋
> ・トングや菜箸(基板をつまむため)
> ・揚げ物用温度計(あったほうが良い)
> ・紙コップ
> ・中性洗剤(食器を洗うための洗剤)
> ・ザル(洗った部品をすくうのにあると便利)

用意するものは左記のとおりです(**図1**、**表1**)。温度計以外は100均でもそろえられそうです。

サラダ油は380℃くらいで自然発火しますので、加熱し過ぎるのは非常に危険です。天ぷらを揚げるのと同じように、できれば揚げ物用の温度計を使って、油の温度をチェックしながら作業しましょう。

以下の作業は、**くれぐれも火事や火傷に注意しながら行ってください**。

まず、鍋に基板とサラダ油を入れます(**図2**)。サラダ油の量は基板が軽く沈むくらいで十分です。

温度計でサラダ油の温度を測りながら加熱します(**図3**では温度計機能つきテスターを使っていますが、一般の揚げ物用温度計でOKです)。

油の温度が200℃を少し超えたら加熱を止めます(**図4**)。230℃くらいで部品が取れはじめますので、安全のためにその手前で加熱を止めるのが良いでしょう。ちなみに、200℃くらいから煙が少し出てきます。

しばらくして、プリント基板上の電子部品をトングや菜箸でつつくと、部品が外れます(**図5**)。全部外してしまってもいいですし、お目当ての部品だけでも構いません(**図6**)。

図2　鍋に基板と油を入れる

図3　温度を計りながら加熱する

図5　部品を外す

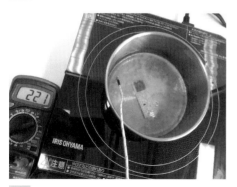

図4　200℃を超えたら加熱を止める

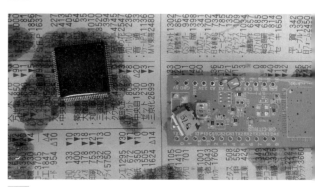

図6　揚がった基板と外れた部品

部品が十分冷めたら、油を洗い落とします。紙コップに少し水を入れて中性洗剤を垂らし、部品を紙コップの中に入れ、コップを揺すってしばらく置きます（**図7**）。これを油がおおよそ取れるまで、何度か繰り返します。

その後、洗った部品を新聞紙などの上に置いて乾燥させます（**図8**）。これで、プリント基板から部品を取り外せました。なお、使用済みの油の廃棄や保存は、普通の揚げ物の油と同じように行ってください。

図7 部品についた油を洗い落とす

半導体チップの拝み方

続いて、同じように「どこのご家庭にもある道具」を使って、ICチップの中身を見ていきましょう。

「ICチップ」と言われてイメージしがちなのは、黒いプラスチックのパッケージかと思いますが、ICチップの本体はその中に埋まっている数mm程度のシリコンの結晶片（これをこの本では「半導体チップ」または単に「チップ」と呼ぶことにします）です。このチップを取り出したいわけですが、プラスチックの中に完全に一体化して埋まってしまっていて、さらにこのプラスチックがかなり硬く、削ってもなかなかチップが見えません。少しずつ削ってチップを取り出すこともできますが、加減が難しく、削り過ぎると肝心のチップも一緒に削れて粉末になってしまいます。

ちなみに、パッケージが透明で、分解せずとも中の半導体チップを見られるICチップもあります（**図9**）。俗に「NeoPixel」と呼ばれるフルカラーLEDは、LEDの光を通すために透明な窓のついたパッケージになっており、中にはRGB3色のLEDと明るさを制御する回路の半導体チップが中に入っています。NeoPixelは秋葉原の電子部品屋など広く取り扱われており、これを買えばお手軽に半導体チップを「拝む」ことができます。

しかし、残念ながら、ICチップの多くは窓つきのパッケージではありません。プロが本気で分解・解析する場合（競合製品をリバースエンジニアリ

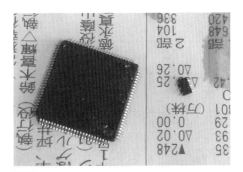
図8 部品を乾かす

図9 チップが見えるIC

ングする場合もあります）は、前処理としてチップ上のプラスチックをドリルで削り、それを加熱した濃硫酸や発煙硝酸に浸してプラスチックを溶かします。ですが、それらの作業は専門の業者もあるほど大変で、個人でちょっとお手軽に試すとはいきません。

ところが、「どこのご家庭にもある道具」を使ってプラスチックを炙ると、プラスチックが炭化して崩れ、中の半導体チップを取り出すことができます。さっそく試してみましょう。

表2 用意するもの

・バーベキュー用バーナー
・ピンセット
・ステンレス製のトレイ

図10 用意するものの一例

図11 炙る

図12 崩す

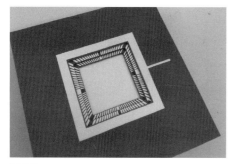

図13 リードフレーム

用意するものは左記のとおりです（**図10**、**表2**）。バーナー以外は100均でもそろえられます。

まず、ICチップをステンレス製トレイに置きます。まわりに燃えやすいものがないことを確認し、バーナーに着火し、チップを炙ります（**図11**）。2～3分くらいで十分です。最初は表面に残っている油などが燃えて炎が出ることもありますが、見た目にはそれほど大きな変化はありません。ただし、昔のICチップだと、真っ白になって文字どおり「灰になる」ものもあるようです。

炙るのを止めた後、十分に温度が下がったら、ピンセットなどでまわりのプラスチックを崩していきます。炙ったことでプラスチックが炭化してもろくなっているので、少しずつ削るような感じでつつくと、徐々にプラスチックのパッケージが崩れてきます（**図12**）。

一気に崩そうとすると、ICチップの中に入っている半導体チップが割れたり一緒に崩れたりしてしまうので、少しずつ崩していきましょう。次第に、キラキラ光る、中の半導体チップが見えてきます。プラスチックがなかなか崩れない場合は、「炙り」が足りない場合が多いので、再度もう少し長めに炙ると良いでしょう。

半導体チップは、だいたいは**リードフレーム**という、端子を兼ねる金属製の板に載っています（**図13**）。リードフレームは、色とテカり具合が半導体チップに似ていて、紛らわしいので注意しましょう。

リードフレームやそれにつながっている端子（足）を気にせずに崩していくと、半導体チップが外れて残ります。このとき、特に半導体チップが小さいと見失ってしまうことが多いので、気をつけて少しずつ崩していきましょう。また、崩したプラスチックの塊の中に埋もれていることもよくあるので、見失ったら、プラスチックの塊も少しずつ崩していくと良いでしょう。

ちなみに、最近のスマートフォンに使われているような新しめのICチップは、半導体チップがかなり薄くて割れやすいです。慎重に作業し、必要ならば筆やハケなどで残ったプラスチックを払うと良いと思います。チップが割れたり傷ついたりしてしまったら、残念ですが諦めるか、炙るところからやり直しです。

こうして取り出した半導体チップは、光の角度によって色が変わって、なかなかきれいです（**図14**）。チップ表面の配線パターンのサイズが光の波長と同程度のため、光の干渉によって色が変わって見えます。このままレジンで固めてキーホルダーにするのも良いですね。100均で売っているネイル用やクラフト用のレジンでアクセサリーパーツを作れます。私はよく台紙に載せてラミネータで封入して保存しています。

図14
取り出した
チップ

チップ観察のポイント

半導体チップの観察法

せっかく半導体チップを直接見られるようになったので、顕微鏡がある方は顕微鏡で覗いてみましょう。新しめのチップは配線パターンが細かく、光の波長よりもだいぶ短いので、顕微鏡ではほとんど何も見えないのですが、ちょっと古めの電子機器に入っているチップや、安価なおもちゃなどに入っているチップは、配線サイズが光の波長よりも長いものが多いので、顕微鏡でも表面の配線パターンを見ることができます。

さすがに顕微鏡は「どこのご家庭でもある道具」ではありませんが、プリント基板観察用に数百倍程度の拡大ができて、画像をmicroSDカードに保存できるものが、数千円あればAliExpressなどのECサイトで手に入ります。なお、チップは光を通さないので、植物の観察で使うような下から光を入れるタイプの透過型の顕微鏡では見えません。上から光を照射するタイプのもの（落射型）を使います。

顕微鏡で「きれいだな」と鑑賞するだけでも十分楽しいのですが、せっかくなので、チップを観察するうえでのポイントを紹介しましょう。

まず、構造に注目してみましょう。大体の場合、半導体チップのフチの部分には小さい四角が並んでいます（**図15**）。これは**ボンディング・パッド**という構造です。半導体チップ本体とパッケージを接続するワイヤ（ボンディング・ワイヤ）をつなぐ場所で、いわば信号の出入口です。実際には四角形の金属配線の中央部分に、ワイヤをつなげられるような絶縁膜の窓が開いています。

その内側には、まわりを囲うような帯があります。これは**電源リング**と呼ばれる、電線をつなぐための金属配線です。半導体チップの電子回路に電源を均等に供給するために、このような構造にするのが一般的です。また、この電源リングのところには、パッドにつながる保護回路（実体はダイオード）を置くことも多いです。

さらにその内側が、いよいよチップの電子回路の本体です。回路によっていろいろな形状があるのですが、特徴的なものをいくつか紹介しましょう。

図15　顕微鏡で見たチップ

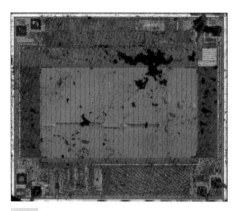

図16 メモリの例

図17 論理回路の例

・特徴的な構造❶ メモリ

チップ上のフラッシュメモリやRAM、マイコンのレジスタなどは、規則的なマス目状の構造になっています（**図16**）。これは、メモリが行と列の2方向からアクセスするという原理のためです。注意深くマス目を数えれば、メモリの容量もわかるでしょう。ただし、メモリの1ビット分は観察できないほど小さいので、肉眼で見えるマス目はある程度大きさのある単位（例えば、1Kビットのブロック）であることが多いです。

・特徴的な構造❷ ディジタル回路

一方、マイコンの論理回路部分にあたるディジタル回路は、一見ランダムな模様に見えます。しかし、よく見ると小さい単位のブロックが並んでいて、それらを結ぶ配線が縦横無尽に多数走っているという構造をしています（**図17**）。ディジタル回路の設計では、VerilogHDLなどの言語で機能を記述し、そこから論理合成と配置配線という手順を半自動で行って、チップ上の回路パターン（レイアウト）を生成するのが一般的です。並んでいる単位は論理回路の単位（論理ゲート、スタンダード・セルとも呼ぶ）で、ランダムな模様はそれらをつなぐ配線というわけです。

このような論理回路の部分を、メモリなどほかのブロックのすき間に合わせていかにぴったりに設計するかは、設計者の腕の見せどころです。きれいにすき間なく各ブロックが並んだレイアウトは、芸術品の域に達していて、単にきれいなだけでなく、各ブロック間の配線の長さ、つまり信号が伝わる時間が最小ということになるので、性能も極限まで高まります。まさに機能美といえるでしょう。

ちなみに高機能（回路が大規模）なCPUなどでは、このような論理回路ブロックが並んで敷き詰められていることがよくあります。それぞれ別々に設計した場合もありますし、IP（Intellectual Property）やハードマクロと呼ばれる、ほかから流用する回路ブロックの場合もあります（IPやハードマクロを購入して自分の設計に組み入れることも多いです）。

・特徴的な構造❸ センサ

もっと特徴的な構造は、センサです。センサは、外界の物理量を電気信号に変える回路素子ですから、扱う物理量に応じて、それを受け取る部分の構

造が特徴的なものが多いです。例えば、イメージセンサでは光を受ける画素の回路が、メモリのようにマス目状に並んでいます（**図18**）。画素は画像を構成する最小単位の正方形ですから、イメージセンサの画素の回路も正方形です。

また、加速度センサは、中にバネ（梁）で浮いた「おもり」があり、加速度に応じて移動する量をコンデンサの静電容量の変化として検知しています（**図19**）。この「おもり」とバネの構造は、チップ上に微小な構造として作られています（このような半導体チップ上の微小な構造物をMEMS（Micro Electronic Mechanical System）と呼びます）。

・特徴的な構造❹ アナログ回路

そのほかに、オペアンプや電源ICなどのアナログ回路では、部分ごとにいろいろな大きさのMOSトランジスタが並んでいて、特に出力に近い位置にあるものはチップの中で大きな面積を占める傾向にあります。これらの大きさの違いは回路設計上の工夫の結果であり、設計者の腕の見せどころでもあります。また、オペアンプの入力の差動アンプでは、回路のレイアウトを対称にする（コモン・セントロイド）などのテクニックもいろいろあります。このような名人芸を鑑賞するのも一興です。

続いて、チップのパターンのサイズを計測してみましょう。計測となると、もう少し倍率の高い、1000倍程度まで倍率を上げられる顕微鏡が必要です。倍率に合わせて画面上にスケールが表示される高機能な顕微鏡を使えば、パターンのサイズを計測するのも簡単です。ただし、実はそのような機能がない顕微鏡でも、工夫次第で計測することができます。

その方法は、まず、半導体チップ全体と定規を一緒に顕微鏡で観察し、定規の目盛りから、チップの辺の長さを求めます。顕微鏡画像をいったん保存して取り込んで、画像処理ソフトでサイズを計測すると良いでしょう。同じ方法で、パッドなどの大きな「特徴的な構造」のサイズを求めます。そこから先は、順に「特徴的な構造」をたよりに、倍率を少しずつ上げながら、サイズを求めていきます（**図20**）。光学顕微鏡であれば、光の波長に近い1μmくらいまでは、ぎりぎり観察できるかと思います。

図18　センサの例（イメージセンサ）

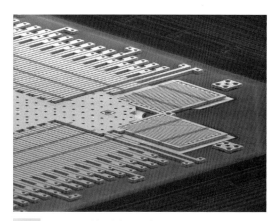

図19　センサの例（加速度センサ）

MEMS加速度センサー｜アナログ・デバイセズ
https://www.analog.com/jp/landing-pages/003/sensor_pv_jp/sensor_home_jp/accelerometer.html

Reprinted with permission of Analog Devices, Inc. © 2022 All rights reserved

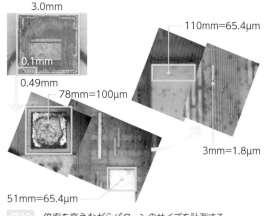

図20　倍率を変えながらパターンのサイズを計測する

⚡ 半導体チップの観察例

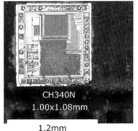

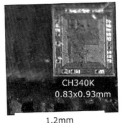

図21 CH340シリーズのチップ写真と寸法

CH340E　　CH340G　　CH340K

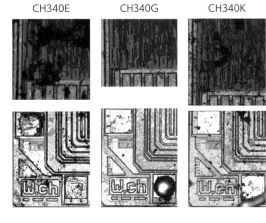

CH340E　　CH340G　　CH340K

図22 CH340シリーズの拡大図

　観察してみて面白い発見のあった例を以下に示します。みなさんもぜひ探してみてください。

・実例❶ 実は中身は同じ半導体チップ

　マイコンを使った電子工作をするとよくお世話になる、USB-シリアル変換のICというものがあります。FTDI社のFT232というICが有名ですが、WCH（南京沁恒微電子股份有限公司）という中国のICメーカーの製品にCH340というシリーズがあります。ひと昔前だと、激安Arduino互換機で使われていたり、メーカーのウェブサイトで配布されているドライバーのインストーラーがウイルスチェッカーに引っかかったりと、なかなかアレな製品でしたが、最近はいろいろと改善されているみたいです。このCH340は、安いものだと50円くらいと激安で、それでいて外づけ部品がバイパスコンデンサ以外はほとんど要らないなど、なかなか便利です。

　このCH340シリーズは、ピン数と出ている信号線の種類に応じて7種類の製品がラインナップされています。とはいえ半導体メーカーの立場からすると、中のチップの設計はそれなりに手間もお金もかかるので、あまり種類を増やしたくないところでしょう。そこで「CH340シリーズの中の半導体チップは、実は全部同じなのでは？」という疑問を持ち、炙って、半導体チップを取り出して観察してみました。比べるのは、秋月電子で販売されている「CH340G」「CH340E」「CH340K」「CH340N」の4種類です（**図21**）。

　チップを顕微鏡で観察してみると、CH340N以外の3つは同じチップのようでした。

　念のため、特徴的なパターンを何か所か比べてみると、たしかに同じパターンで、やはり同じチップのようです（**図22**）。データシートによれば、3つのうちCH340Gだけ外づけ水晶振動子が必要ですが、3つとも同じチップですので、CH340Gはチップ上に内蔵発振回路があるものの、互換性のために無効にしていると思われます。ちなみに、最小の金属配線の幅は0.5μm程度でしたので、いわゆる0.5μmプロセスと思われます。なお、CH340Nは明らかに別のチップで、リビジョンが古いものの可能性もありそうです。

ちなみに、今回CH340Gを解析している途中で、半導体チップのサイズが明らかに先ほどのCH340Gより大きいものをたまたま見つけました。CH340Gしかなかったころの、水晶振動子が必要な初期版だと思われます。

　CH340E/G/Kの中身は同じ半導体チップでしたが、3つの製品のパッケージはまったく異なり、ピン配置も異なります。そこで、❶「電源の位置は同じだろう」、❷「USBに直接つながり高速な信号伝送をするUD+/UD-の2つの位置は同じだろう」と仮定し、チップ上のパッドと信号・機能との対応を推測してみました（**図23**）。

　実際に観察して、推測が正しいか確認したいところです。パッケージの中では、半導体チップとICパッケージの足につながるリードフレームが、細い金属線（ボンディング・ワイヤ、多くは金線）で接続されています（**図24**）。物理構造上、チップから出るところで少し盛り上がり、そこからリードフレームへ下りていきます。上から少しずつ削っていき、その削った面を観察するとボンディング・ワイヤの断面が見えますので、それをもとに、どのようにボンディング・ワイヤがつながっているかわかりそうです。

　顕微鏡に銅板を固定し、そこにはんだづけでしっかりICを固定して、少しずつ削りながら写真を撮っていくことにします（ちなみに細目のやすりを使うと、削った面がなめらかになって観察しやすいです）。少し削って撮影し、また少し削る、という作業を延々と続けます。根気との勝負ですね。

　撮影したものを、動画操作ツール（フリーウエアのFFmpegなど）を使って1つの動画ファイルにまとめると、チップとパッケージの足（リードフレーム）がつながっている様子がわかります。あるいは、各断面の画像を比較明合成という方法で合成して1枚の画像にすると、きれいにボンディング・ワイヤがつながっている様子を確認できます（比較明合成は天体写真で星が流れる写真の作成などで使われる方法で、フリーウェアのImageMagickなどで使えます）（**図25**）。予想以上にきれいにほぼボンディング・ダイアグラムそのまんまができました。

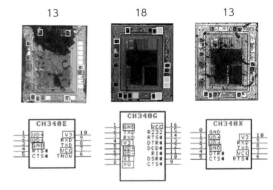

図23　CH340E/G/Kのパッドの機能を推測したもの

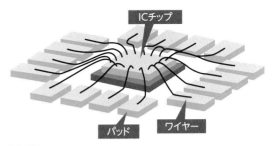

図24　パッケージの断面図と
半導体チップ、ボンディング・ワイヤの位置関係

図25　CH340の断面写真を比較明合成した結果

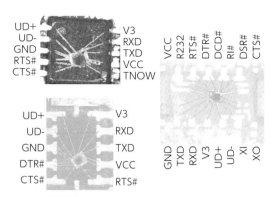

UD+ V3
UD- RXD
GND TXD
RTS# VCC
CTS# TNOW

VCC R232 RTS# DTR# DCD# RI# DSR# CTS#

UD+ V3
UD- RXD
GND TXD
DTR# VCC
CTS# RTS#

GND TXD RXD V3 UD+ UD- XI XO

図26 CH340E/G/Kのピン配置とボンディング・ダイアグラム

図27 ボンディング痕があるパッド(四角)と未使用パッド(丸)

これにパッケージのピン配置を重ね、先ほど予測した半導体チップ上のパッドの位置との対応関係からボンディング・ダイアグラムができます(**図26**)。ちなみに、VDDとGNDは2本ずつのボンディングワイヤがつながっているようです。また、チップ写真を見ると、ボンディング・ワイヤがつながっているパッドはワイヤの接続痕があるので、使用されているパッドと未使用パッドが区別できます(**図27**)。なおCH340E/Kでは、半導体チップは斜めに載っているようです。

このことから、図23で推測したパッドとの対応を整理すると(**図28**)、予想どおり電源とUD+/UD-は共通でしたが、それに加えてシリアル通信のデータ線であるTXD/RXDも共通でした。それ以外のDTR#やRTS#などのシリアル通信の制御線は中のファームウェアで自由に切り替えができるようで、規則性はよくわかりませんでした。また、唯一外づけ水晶振動子が必要なCH340Gの水晶振動子をつなぐ端子(XIとXO)のパッドは、水晶が不要なCH340E/Kでは、RTS#やDTR#とつながっていました。この理由は、以上の分析からはわかりませんが、内部ファームウェアでXI端子(発振回路の入力端子)の接続状態によって内蔵発振器の有効・無効を切り替えているのではないかと思われます。「CH340Gでも中のチップはE/Kと同じなのだから、実は水晶振動子を外しても動作するのでは?」と考えて試してみたのですが、さすがに動作しませんでした。内部のファームウェアで、内蔵発振回路を無効としているのでしょうね。

ところで、「USB-シリアル変換ICは、中身はUSB

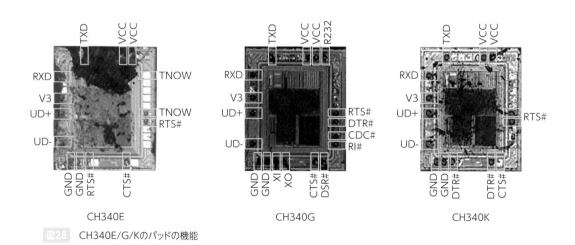

CH340E

CH340G

CH340K

図28 CH340E/G/Kのパッドの機能

機能つきマイコンなんじゃ？」という説があって、実際、USB-シリアル変換のMCP2221はPICマイコンのPIC16F1445と同じチップということを確認したこともあります。そこで、CH340シリーズの製造元のWCH社でそれっぽいマイコンを探してみました。

まず、激安USB機能つきマイコンとして「CH551」「CH552」という製品があるのですが、これは次に分析するように別のチップでした。今度は「CH533」というローエンドのUSB機能つきマイコンの仕様を見ると、QFN 28ピンパッケージ品があり、これは先ほどのCH340E/G/Nのパッドの数と一致します。また、電源ピン、USB端子、XI/XOは位置と数が一致し、シリアル通信回路（UART）もあります。これは間違いなくCH340E/G/Nの中身なのでは？ アヤシ過ぎますね。そこで、いろいろなルートを使ってCH533を入手しようとしたのですが、残念ながら入手できず、最後はメーカーに直接コンタクトを取ったのですが、在庫なしとのことでした。ほとんどしっぽを捕まえかけたのに無念です。どなたか、CH533またはそれが載ったボードをお持ちの方、ぜひ炙らせてください。

・実例❷ 同じ半導体チップなのにランク別製品 !?

表3 CH551とCH552の違い

	Freq/Max	Flash	RAM	USB	ADC	Timer	PWM	UART	SPI	IIC	I/O	SOP16	TSSOP20	MSOP10	QFN10
CH552	6/24MHz	16K	1K+256	1*D	4*8b	3*16b	2	2	1	—	17	v	v	v	v
CH551	6/24MHz	10K	512+256	1*D	—	3*16b	2	1	1	—	13	v			

前述のCH340を解析した流れで、同じWCH社製マイコン「CH551」「CH552」を観察してみました（**図29**）。

CH551/552は、USB機能つきのマイコンで、主な違いはメモリの容量とA/Dコンバータの有無です。偶然、両方とも手元にあったので、半導体チップを観察してみたところ、どうもまったく同じチップのようです。実は、別のメーカーでも、シリーズ

図29 CH551（左）、CH552（右）のチップ

ラインナップのマイコンチップ2つがまったく同じものだったということがありました。

これは、上位のCH552として設計・製造し、一部の機能が不良だったものを、1ランク下のCH551として売っているということのようです。一部の機能が不良のものを不良品として捨ててしまうのではなく、正常動作する部分のみのローエンド製品として販売するというのは、半導体ビジネスならではの戦略といえます。

・実例❸ 偽物チップはナニモノ？

昨今の半導体不足で、ICチップをはじめとする電子部品が全体的に品薄になり、価格が高騰しています。高値で転売する転売屋は憎いですが、まだ手に入るだけましなのかもしれません。というのも、まったくのニセモノを売りつける悪徳な半導体商社が現れてきているようで、これは実に不穏です。

たまたま知人から「買ったんだけど動作しないICチップがあるので見てほしい」と頼まれました。NXPのARMマイコンの「LPC51U68」というICチップ（**図30**）で、基板に載せてもプログラムの書込みを含めて一切動作しないとのことです。

図30 「自称」LPC51U68のパッケージ

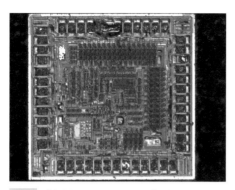

図31 「自称」LPC51U68のチップ写真

残念ながら本物のLPC51U68は持っておらず、Digi-Key（世界最大級の電子部品販売会社）などにも在庫がないため本物との比較はできないのですが、まずは「自称」LPC51U68を観察してみました（**図31**）。

チップサイズは1.5mm角程度で、最小の金属配線の幅は1.5μm程度でした。このパターンを見る限り、マイコンなら必ずあるはずのメモリの規則構造がありません。また最小配線幅の1.5μmは、PICなどのローーエンドのマイコンで使われる製造プロセスで、ARMマイコンで一般的な90nm～25nmとは比較にならないほど古い世代の製造プロセスです。

半導体チップ全体を観察しながらパッドとの接続を追いかけていった結果（**図32**）、特徴的な構造とパッド配置、電源ピンの位置から、どうもキャラクタ液晶のドライバーICではないかと思われます（新日本無線製NJU6532のピン配置が、完全には一致しないものの、これにかなり近いです）。つまり、LPC51U68ではないがパッケージのピン数・形状が同じ別のICを、パッケージの刻印だけつけ直して販売した、悪意のある完全なニセモノであると思われます。

その後、NXP純正のLPC51U68評価ボードをDigi-Keyで購入し、そこに載っているLPC51U68を取り外して、パッケージとチップ写真を見てみたところ、先ほどのニセモノとはまったくの別物でした（**図33**）。

外観だけでは本物とニセモノを区別するのが非常に困難なだけに、ICチップのニセモノは厄介です。パッケージの刻印が安っぽいものはまだわかりやすいのですが、パッケージが精巧にできていると、通電して動作させるまでわからないわけです。最近はICチップの真贋鑑定を行う業者もあるようで、半導体不足がこんな形で半導体ビジネスに影響してくるのは、いろいろと考えさせられます。

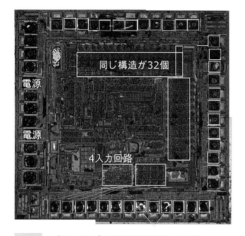

図32 ブロックとパッドの機能を推測したもの

同じ構造が32個

電源

電源

4入力回路

?

図33 本物のLPC51U68のパッケージ(左)とチップ(右)

第4章

分解は冒険だ！

危険との上手なつき合い方

みんなの失敗あるある

「痛い目」の記憶

 失敗っていえば「壊しちゃう」イメージだけど、僕が電気製品を壊すのは、基本的にめんどくさいからなんですよね。「まあ、シャットダウンしただろう」みたいな感じで。それもめんどくさくなると、通電中だけど「電源抜いちゃえ」って方向に……。

こういうのって、数千円、数万円が飛ぶとたしかに学習するんだけど、掛け算とか自転車の乗り方みたいに何年も忘れないかというと、実はそんなことはない。気がつくと、数年後にまたやってしまう。

「これくらいは大丈夫」という閾値が上がってくるんですよね。慎重さが減るって言い方もできる。

 （正弦波みたいに）上がって下がって上がって下がって……。

あるある。若くてお金がなかったころのほうが「痛い目」の記憶は鮮烈に残ってて、Macに拡張ボードを差すときに火花が飛んだりしたのを覚えてますね。

 うん。IAMAS（情報科学芸術大学院大学）の小林茂先生が、授業でLEDを焼かせる経験をさせてるって言ってましたね。最近のLEDは燃える前に芯が切れちゃうから、ちゃんと火が出るやつを探してストックしてるって話。

 燃やす経験もいいですが、たぶん、**自分のものを壊さないと学ばない**んですよね。コンプライアンス的には難しいけど、自分のお金が数万円くらい飛ぶと、身にしみるというか。

 ああ、学校の部品だと、自分の懐は痛くないですね。燃えるものを生では見られるんだけど。自分で苦労して手に入れたり自腹を切ったりしたやつだと、相当痛いだろうな、と思います。

 そう、そういう学びは今の時代も大事なんだけど、他人の痛みだとそんなに身につかないのはなんででしょうね。

はんだごての火傷とか
もそうですよね。

 一回火傷すると、熱いものは熱い
前提で触るようになりますね。

子どものころ、夏に半ズボンではんだづけしてて、は
んだがじゅっと落ちたことがあるんです。今でも火傷
の痕があるんですけど。それ以来「半袖半ズボンでや
っちゃいかん」と、からだにしみつきました。

 ギャル電は、イベント前に締切りギリギリで電子工作のグッズ
をいっぱい作るんです。すると、失敗の度合いが高まって、寝
ぼけて電極つけ間違えて燃やすし、材料もロスするし、時間も
ギリギリみたいな極限の状態で。
リカバーのことも考えなきゃいけないし、まったくおすすめし
ないけど、手はんだの限界でモノをむっちゃ量産するってのも、
めちゃめちゃ学び度は高いですね。

 たしかに、追い詰められた状態で壊しちゃったと
きのことは、よく覚えてますね。**物理的に痛い、
お金的に痛い、締切り的に超痛い**っていうのは
やっぱりあって。学校の部活とかで、大会に出
る直前にロボットが壊れたとか。

 直前は焦る。ギャル電のステートメントの「(渋
谷の)ドンキでArduinoが買える未来」っ
てのは、切実なところからスタートしてます。
明日10時から行かなきゃいけないのに「材
料ロス、どうしてなん?」みたいな。

 ドンキで買えればいい
のに。

 そう! 深夜の1時でもドンキならなんとかなりま
す。よく「どっかのコンビニだとマルツが入って
て買えるよ」みたいなレスをもらうんですけど、「そ
ういうことじゃなくて! 今! ドンキで買いたいの!!」
ってなる。今欲しい。

 たまたま調布の、電通大
のそばに住んでたらいい
んですけど(笑)

電通大のそばに住んでる人は、そん
な貴族みたいなこと言いやがって(笑)

何が危なくて、何が安全か

「痛み」を伴う学びがコンプライアンス的にどんどん厳しくなる中でどうやって学んでいくかは、分解するにあたっても、結構大事な過程なのかもしれない。

たしかに、例えば僕のいる大学だと、電子工学の専門でも、学生実験ではんだづけしないんです。はんだづけしちゃうと、その後の基板は捨てるしかないので、ブレッドボードしかやらないんですよ。それは効率との兼合いにはなるんだけど、はんだづけしてないから火傷した経験も当然ないわけで。

アメリカのMaker Faireみたいに「何があっても文句言いません」という契約書にサインしないと会場に入れないシステムにすればいいんですけどね。そのうえで、もちろん安全対策はやるんだけど。

次元は違うかもしれないけど、食品の賞味期限も同じ部分があると思う。「腹壊しても絶対に文句言いません」って誓約するから、僕は賞味期限切れの弁当買いたいんだけど、コンプライアンス的にとか、いろいろありえないじゃないですか。最近はSDGsの観点で少しずつ始めてはいますけどね。

食品ロスもそうだけど、「食べ慣れない人はお腹を壊します」ってものを普通に売ってる国も多い。スパイスがすごい入ってて、食べ終わるとなんとなく「なんで俺、こんなにテンションが上がり続けてるんだろう」「これやばいもん入ってない?」みたいな。

そういう意味で改めて考えると、カッターナイフを売ってる理由って不思議ですよね。
食べ物も食べ方によってはからだ壊すわけじゃないですか。包丁だってナイフだって、使いようによっては危ないけど、一応売ってるわけですよね。当然使う側のリテラシーが前提ではあるんだけど。
部品も当然、使いようによって火事にもなるし、いくらでも怪我するんだけど。その辺は何なんでしょうね。

うん。何が危なくて、何が安全かは、自分で決めるのがいいです。法律に頼るとか、ルールに頼るのは良くない。

そう、いわゆる「お上」が決められることではないです。安全係数めちゃめちゃ高くして、つまんないもんになるじゃないですか。

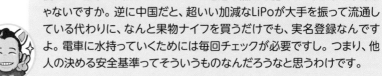

「お上」が決めるということは、国によってバラバラになるので、どこの国でもその国の歪みみたいなものがあるんです。
例えば、日本の人は、ちっこいLiPo電池が燃える話でヒートアップするじゃないですか。逆に中国だと、超いい加減なLiPoが大手を振って流通している代わりに、なんと果物ナイフを買うだけでも、実名登録なんですよ。電車に水持っていくためには毎回チェックが必要ですし。つまり、他人の決める安全基準ってそういうものなんだろうなと思うわけです。

本能的に危険をかぎ分ける

実際、さっきの食べ物の話でも、うちの子どもには「**最後に信じるのは自分の味覚と嗅覚**」っていう話をしてるんです。におい嗅いでみて、やばいと思ったら捨てろって。そういう能力がなくなると、生物として退化するわけですよ。「これやったら危なそうだな」ってとき、ちょっと慎重になる、近い未来の予測能力みたいなやつ。昔、『電子立国 日本の自叙伝』[1]でIntel 4004の嶋正利さんが言ってたことなんですけど、「一番怖いのは、全部組み上がって、通電する瞬間」だって言うんですよ。

もちろん、設計が間違ってて動かないことも、火を噴くこともある。通電することを業界用語で「火入れ」って言うじゃないですか。あの感覚だろうなと思うんですよね。

火入れする瞬間って、自分が間違いないと思って設計した回路でも、何か起こる可能性がある。だからこそ慎重になって、煙が出てないか、電流計が振り切れてないか確認する。それってからだにしみついてる感覚ですよね。そういうのをどうやって覚えたかっていうと、結局話が戻って、たぶん昔の経験だと思うんですけど。

Arduinoを初めて燃やしたときに、煙が上がるような派手な燃え方じゃなかったのに、においが本能的に「やば!」みたいなのがあって。すごい変ってわけでもないのに、基板の燃えるにおいは、第六感みたいな感じで瞬間にわかる。

一回やると一発でわかりますよね。

そのにおいや感覚って本能的なものですよね。「抵抗が焦げてるにおいだからやばい」っていうのを知らなくても、「なんか知らないけど、やばいやつが来た」っていう感じ。

知らないやつ。たしかに、動物的な勘で「これはまずいやつだ」となりますね。

うん、本能レベルですよね。すると、さっきのLEDを燃やす授業で「絶対こうやったら燃える」じゃなくて、10回に1回燃えるようにロシアンルーレットみたいにして、ゲーム感覚でやってみると、危険を嗅ぎ分ける嗅覚とか、ちょっと慎重になる習慣とかが養われるかもしれないですね。

---

[1] 1991年、NHK総合「NHKスペシャル」枠で放送されたドキュメンタリー番組。同名でNHK出版より書籍化もされている。

エキスパートでも失敗はする

痛い目っていうと、僕は工場のエンジニアだったんで、工場から返ってきた不良品を調べるんですけど……解析しようと思ったら「パンッ」と火が出て、もともと壊れてたところがわからなくなって、始末書をだいぶ書かされました。他人から預かった修理品を壊したときのダメージは、めちゃくちゃでかいですよ。「直して」って頼まれたものを余計に壊すって……。

あー、僕もありますね。子どもがまだ小学生くらいのころにデジカメの調子が悪かったんで「見てやるよ」って開けたんですよね。そしたらたぶん、ストロボのチャージが抜け切ってなかったみたいで、お釈迦になっちゃったんです。ごめんって言ってまた買ってあげたんですけど(笑)
最近聞いたらその話を本人が覚えてて、「信頼していたのに壊された」っていう(笑) 自分も申し訳なかった記憶がすごい強くて。他人のものを扱うときは慎重になります。

まあ、仕事で壊したっていう経験はよくあります。ひどいのは、テレビの基板を測定してて、パターンを焼いちゃうんですよ。もう再起不能じゃないですか。それはもう衝撃が大きかったですね。お客さんになんて報告しよう、って。
あと、テーブルタップのACプラグのネジをしっかり締めずにホットプレートをつないで使っていたら、ACプラグの外側が熱で変形してました。自分はそんなことしないだろうと思ってたんですけど……圧着って大事だなと思いました。火事になりかねないです。電線をまとめないようにするとか、基本的なことをちゃんと守ったほうがいいなって。

似た話なんですけど、イベント会場で、電源リールを巻いたまま大きい負荷をかけて使ってる人がいて、電源リールからちょっとやばい感じのにおいが出てたことがあります。

僕もやりました。電源リールを巻いた状態で、コーヒーメーカー使ってしまって。

意外と発熱ものはやばいですよね。

電気は見えないので、ほんとに怖いですね。未来のVR教材とかで、「後遺症は残らないんだけど、めちゃくちゃ不快」みたいなのを経験してもらって、学習効率を上げられるといいかもしれませんね。

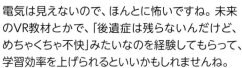

まあ、わかってるんですけど、なめてましたね。

油断のピークのとき、たまたまちょっと急いでるとか、そういう条件もそろうと事故るっていう。

ヒヤリハットが重なっていって、最後のトリガーを引かれてやらかす。

わからない人のほうが安全で、むしろ**わかってると油断しやすい**ってこともあるかも。だから実は、山崎さんの話を聞いて思ったのは「電気製品のエキスパートになっても、失敗はするんだな」と。

魔が差したように手を抜くんですよね（笑）

神様からの「そろそろ閾値下げなきゃ」というお示しじゃないですか？　ほっとくと、怪我するような痛い目に合うから、今のうちにちょっと警戒しなさいっていうお示し。

わかってるけど、「ここを失敗しなきゃ絶対大丈夫」と思って失敗するんですよね。

そこをピンポイントで失敗するんですよね（笑）
自分はフレキ（フレキシブルケーブル）を壊しちゃうっていうのがよくあって。電気製品の外側をパカって開けると、大体液晶とメインの基板の間にフレキがあって、何回か開け閉めしてるうちに端がピッと切れちゃうんです。液晶画面が映らなくなって、はんだづけで直すのも大変なんで、だいたい捨てちゃうことになりますね。
あとは、過電圧ですね、ACアダプタの電圧間違えるとか。卒論で追い込まれてて、うっかり研究室で事故っちゃって。

基本的に、物理的に差せちゃうのがダメなんですよね。電圧が違うなら形も変えて、差さらないようにしとくのが一番いい。

プロでも間違えることはあるので、仕組みでできないようにするのがいいですよね。

あとは、USBケーブルのように、マイコンが全部いいようにやってくれるシステムですかね。

「壊れない」という幻想

ギャル電の電子工作では、基板を直接バッグとか帽子とかに貼りつけたりするんですけど、ArduinoのmicroUSBコネクタがよくもげるんですよ。「え、もげんの」みたいな。

たぶんマイコンとか製品に対する絶大な信頼感があったんですよね。自分がイチから組んだものは動かないこともあるけど、「買ってきたものは絶対動く」っていう安心感。その安心感が最初に崩壊したのがコネクタがもげたことでした。

よく考えれば、まあ、もげやすいつくりではあるんですけど、実際に壊れるまでは異常なほどに**「製品だから壊れるわけがない」という思い込み**があって。あと、電子工作とかやってなくても日常的に身のまわりでよく見るものだから、めちゃめちゃ頑丈だと勝手に思ってたのかもしれないです。

僕がMacの拡張ボードを壊したときもそうかもしれない。店で売ってるもんだから、簡単には壊れないだろう、と。

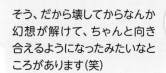
そう、だから壊してからなんか幻想が解けて、ちゃんと向き合えるようになったみたいなところがあります(笑)

うん、「買ってきたからって、ちゃんと使えると思うなよ」みたいなね。

幻想が解けたことで逆に、すべてが信じられなくなった時期があって(笑) 分解してみて「なんでこんな雑なつくりで動けてるんだ!?」みたいなことって結構あるじゃないですか。分解記事を読んで、「まじか、枕元に充電中のデバイス置いて寝るのやめよう」みたいな(笑)

コネクタがもげたことで、世界が反転した感あります。製品と自分の電子工作との線引きがなくなった。や、検査とかあるにはあるんだけど、頼りない橋の上にあることに気づいた。

世の中、絶対がないことに気づいてしまったんですね。

保証マークがあっても嘘かもしれないし、出所がわからなくても、箱に入っててきれいに見えたら製品として安全と思ってしまうし。勝手に私は世界の電気製品をものすごく信頼してたんだな、と自分の中で驚きでした。

実際に製品を作る立場からすると、危ない話はいっぱいありますよ(笑)

「市販品も人間が作ってるんだなあ」っていう、当たり前の気づきはありますよね。

そう、普通の人間が作ってるってことをなんか忘れてしまいます。立派な箱に入ってると、電気のことをすべて知ってる神的な存在が作ってるみたいな気持ちになる。

深圳に来てから工場見学をたくさんしてるんですが、「こんなに雑に作ってるんだ」「雑に作っても普通に動くんだ」と驚くことは多いですね。そもそも中国の会社同士だと付属品のケーブルは製品の値段の対象に入ってなくて、つまり、検品とかもされないので、製品と言っていいのかわからない状態だったりします。化粧箱も日本では商品の一部だけど、中国だと直でテープ巻いて梱包したりね（笑）そういうのが分解ヤーになるための1つの要素かもしれない。「製品」って言ってもさ、っていう。

人間が作ってるんだもの。僕も深圳に行ったとき工場インターンをやりましたが、いくら注意深くやろうとしても、やっぱりミスはあるし、休憩前はミスも増えるし、休憩すると復活するし(笑)気合いで乗り切れないものがあるんですよね。

怪我を防ぐために心がけているポイント

怪我系の失敗ですと、床に鉄板を放置してうっかり踏んでしまったことがあって、めちゃめちゃ痛いし、全然治らなかったっていうのをよく覚えてます。もう絶対、床に鉄板は置きません！

切れにくい刃物を使うと、怪我が治りにくいんですよね。傷口がきれいにスパッとならないので。

ましてや刃物でもなく、鉄板なので（笑）そうそう踏まないだろって思ってたんですけど、何かを避けたはずみでうっかりとかあるので、**自分を信用してはいけない**って思いました。作業範囲に物を置かないっていうのも同じ理屈ですよね。気にしていられるうちは避けられるけど、なんかのはずみでグサッと行くことがあるので。

分解する前に机の上を片づけて、スペースを確保するのは大事ですね。

刃物も突き詰めていくと同じで、刃に触れたら怪我するのはみんなわかってるんだけど、思わぬタイミングで触れてしまうことがある。姿勢とか道具の使い方とか、それも難しいときは軍手を使うとか、工夫があるんだと思うんですけど。個人的には、使える対象は限られますが、**プラスチックの工具がおすすめ**です。

マイナスドライバーは万能で便利ですが、刺さりやすいし、めちゃめちゃ痛いですからね。

 私は結構失敗してきてるんですが、最近やっと習慣化してきたのが、はんだごてですね。ワークショップでも「**はんだごてを持ったまま別の作業をするな**」「**はんだごてを持ったまま迷うんじゃねえ**」って言うと、ちびっ子の怪我率が下がるんですよ。焦るとはんだごてを持ったままパーツを探したりしがちなので。
だいたい怪我の原因は「まあいけるんじゃね」っていうのと、焦ってることが多くて。なので、作業の前は、ミス率を下げるために「**よく寝る**」ってのと、調子悪いなと思ったら「**ごはんを食べる**」。人間、理性でコントロールできない部分ってやっぱりあるじゃないですか。

 わかります。工場のインターンをやったときに、痛いほどわかりました。

 よく見かけるはんだごての間違った持ち方あるじゃないですか。勝手に「バンクシー持ち」って言ってるんですけど、こて先持っちゃうやつ。あれも寝てなかったり、集中が切れたりするとやっちゃうんですよ。難しいはんだづけで焦ったりすると、本能的に近くで持ちたくなるものなんですよ。はんだごての怪我の話すると、したことないって言う人がいますけど、「自分のこと信じ過ぎじゃん!」って思います。

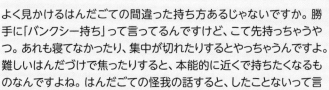

それははんだごてをあんまり使ってないだけなんじゃないの(笑)

 めちゃめちゃ使ってると、ヒヤリハットというか「うわ、今やばいことしようとしてた」ってときありますよね。それで、こて先持つと熱くてびっくりして二次被害が(笑)

 あらぬところにはんだごてが飛んでっちゃう。

 そういうとき半ズボン履いてると悲劇なんですよ(笑)

 怖い!

 想像もしたくないです。そういう意味では作業するときに着る服も要注意ですね。あとは、ふだんからメガネだから助かってるけど、メガネがなかったら目焼いてるかもしれない。

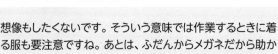 専用の安全メガネとまでは言わないけど、**普通の伊達メガネでいいからかけてくれ**っていう。

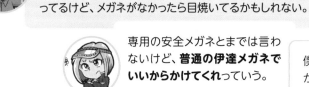 僕も老眼鏡で助かった経験が何度かあります。怪我しないように十分に気をつけて楽しんでほしいですね。

体で覚える オームの法則

02

電子機器は電気で動いているわけですが、電気は目に見えないので、どのように動いているのかイメージしにくいですよね。そのため、「電気は危ない」ということも、よく知られていません。火とか尖ったものはひと目で「危ない」とわかりやすいのですが、電気は見えないものであるからこそ、その仕組みと危なさを知っておくことが重要です。

電気と危険な遊び

　電気が危ないといっても「乾電池くらいならまあ安全でしょう？」と思ってしまいますが、乾電池でも危ないことは十分に起こりえます。例えば、乾電池（アルカリ電池）を衣服のポケットに入れておいたら、煙が出てきて服に穴が開いたとか、軽く火傷をしてしまったという話は、実はよくあるのです。

　乾電池単体では危ない状況にはほとんどならないのですが、ポケットの中に金属のもの（鍵のチェーンなど）が一緒に入っていて、それがうっかり乾電池のプラス極とマイナス極をつないでしまうと、そこに大きな電流が流れて、発熱してしまいます。

　電気によって起こる「危ないこと」には、ほかにどんなことがあるのでしょうか。まずは、やってしまいがちな「火遊び」について見ていきましょう。

まだ安全なほうの「火遊び」

　乾電池のショートは、煙が出たり、軽く火傷するほど熱くなったりするわけですが、電気の「火遊び」としては、比較的まだ安全な部類です。

　ほかの例としては、LEDに抵抗をつながずに直接5Vの電源につなぐと、ものによっては一瞬まばゆく光って消えてしまうことがあります。これはLEDの中の細い金線（ボンディング・ワイヤ）が焼き切れてしまうためです。とはいえ、最近のLEDは丈夫なものが多く、5Vを直接つないだくらいでは焼き切れないものも多いようです。

　また、回路の設計を間違えたり一部がショートしていたりして、抵抗やICに大きな電流が流れ、熱くなってしまうこともあります。あまり遭遇したくはないですが、このような場面では、抵抗や部品が焦げる特有の「臭い（匂い？）」があるので、それを知っておくといいと思います。電子工作や分解では、嗅覚も大切な感覚なんですね。

ちょっと危険な「火遊び」

　もっと電流が多く流れると、その分、危険度が増します。例えば、モータは流れる電流が多いので、その駆動ICの使い方を間違えると、事もなく煙を上げはじめます。

　電気的にだけでなく物理的にも非常に危険なので、モータの回転部分には特に気をつけましょう。モータの軸に金属パーツがついている状態で、近くに手を置いたまま回転させてしまうと、リアルに指が飛んでしまいます。回転部分にはくれぐれも注意してください。工作機械などでもボール盤や旋盤のような回転する部分があるものは、モータ同様、十分に注意しましょう。軍手を使うのは巻き込まれやすくなるので厳禁です。

ダメ、ゼッタイな「火遊び」

　さらにもっと電流が大きくなれば、命に関わるほど危ない事態も起こりえます。ここでは、その中から特に「ダメ、ゼッタイ」な2つを紹介します。

❶ AC100V（またはそれ以上）で動く機器

通電中に分解するのは論外！ 電源を切っても内部のコンデンサに電荷がたまったままのこともあるので、プラグを外した後に電源スイッチを ON にして内部の電荷を放電させてから分解します。

　AC100V（コンセントに供給されている電気）はとても身近なものですが、使い方を間違えると命に関わりかねないほど危ないものです。ショートさせれば簡単に発火しますし、直接手で触れても感電します。特に、心臓を直接通る経路で電流が流れる場合は、0.1mA（100μA）で心室細動から心停止に至るそうです。ほんの少しの電流でも、死にかねません。

　昔、学生だったころに、200Vが印加されている機器のフレームに誤って触れてしまったことがありました。触れたのが幸い右手だったので「やべ！」で済んだのですが、「もし心臓に近い左手だったら」と思うと、ぞっとします。電圧がこれより高いと、神経が麻痺してしまって手を離そうにも手が動かない状態になるそうで、これはかなりの危険度です。

　また、感電ではないのですが、学生時代、コンセントにつながるケーブルの先どうしが接触していることに気づかずに、プラグをコンセントに差し込んでしまったことがあります。見る見るうちに電線が赤熱して被覆から赤い導線が透けて見えたと思ったら、間もなく被覆からものすごい量の煙が出てきて、先生からえらく怒られました。怪我をしなかったのは不幸中の幸いですが、とても危ない経験でした。

② リチウムイオン電池で動く機器

> 手で電池を取り出せるものは、まず取り出してから作業しましょう。取り出せないものは、分解してすぐに切り離す！

　身近にあるけど使い方を間違えるととても危ないのが、リチウムイオン電池です。最近のものは保護回路が入っているものの、リチウムイオン電池は内部抵抗がとても小さいので、ショートさせれば大電流が流れるだけでなく、中の電解液が分解してガスが発生し、発火や爆発が起こりえます。

　以前、AliExpressで裸のリチウムイオン電池を購入したとき、接続用ケーブルの先端の被覆がはぎ取られ、導線がむき出しになった状態で送られてきたことがあり、梱包を開けた瞬間に冷や汗がどっと出ました。「せめて片方のケーブルの被覆はむかずにおくか、絶縁テープを巻いてあれば、ショートすることはないので安全なのに」と思ったのでした。裸のリチウムイオン電池を扱うときには、一歩間違えれば命取りな場合もありますので、くれぐれも注意しましょう。

理論から考える電気の危なさ

⚡ オームの法則を改めて

　では、このような「身近な電気の危なさ」を題材に、電気の理論と数値が持つ意味について、詳しく見てみましょう。

　「**オームの法則**」という言葉を聞いたことがある人も多いかと思います。電気を表す物理量としては「電圧」と「電流」があり、この2つの関係を表すものがオームの法則です。

　電流は電気（電子）の流れの強さで、電圧は電流を流そうとする力の大きさです。**図1**のように、水の流れで考えるとわかりやすいかと思います。水の流れの強さが電流の大きさ、水を流す高低差が電圧に相当します。

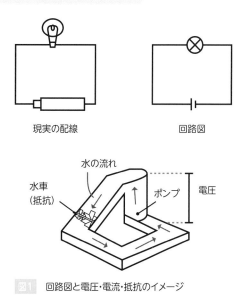

現実の配線　　　　回路図

図1 回路図と電圧・電流・抵抗のイメージ

電流の値は大きい・小さい（または強い・弱い）と言い、電圧は高い・低いと言います。たまに「高圧電流」という表現を見かけますが、言い方としてはおかしいですね（高い電圧で大きな電流が流れる状態を表したいのだとは思うのですが……）。ぜひみなさんも、おかしいなと思う感覚を持っていただければと思います。

電気を流す物質では、一般的に、流れる電流の大きさと、流すために加える電圧の大きさは比例することが知られています。つまり、流れる電流の大きさをI、加えている電圧の大きさをVとすると、Rを比例係数として、$V=RI$という関係式になります。これがオームの法則で、この比例係数のRを「**電気抵抗**」と呼びます。また、電気抵抗を持つ物質（素子）を「**抵抗**」と呼びます。

ここで注意をしていただきたいのは、オームの法則は、あくまでも、「抵抗素子の両端に加わっている電圧（物理に詳しい方であれば「両端の電位差」と理解してもらえればOKです）」と、そこに流れる電流の関係を表すものだということです。

例えば、図2（上）のような2つの抵抗素子をつないだ状態では、電流がほかに流れて行かないので、電流の大きさは2つの抵抗素子で同じになります。抵抗素子の両端の電圧は、それぞれオームの法則を当てはめると、以下のようになります。

$V_1=R_1I$

$V_2=R_2I$

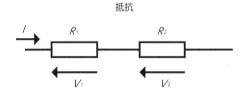

図2 抵抗の分圧

水の流れでいうと、図2（下）のように水が2段階になって坂を流れ下るようなイメージです。また、全体の電圧は、2段階の坂の高さを足したもの（全体の高さ$V=V_1+V_2$）となります。このように、オームの法則では、**各抵抗素子に流れる電流と各抵抗素子の両端の電圧**を考えるようにしましょう。

また、電気の回路について考えるときに有用なものに「**キルヒホッフの法則**」があります。キルヒホッフの法則は、次の2つの法則をまとめていうものです。

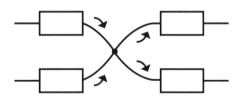

図3 キルヒホッフの法則:電流はなくならない

1つ目は、**電流はなくならない**というものです。入ってきた電流はそのまま出ていきます。電流は電気（電子）の流れですから、「移動しているだけであって、なくなることはない」と考えることができます。これは図3のように分かれ道がある場合でも成り立ちます。なお、電流が逆向きに流れている場合は「負の電流が流れている」と考えることで、式のうえでは「流れ込む電流の和がゼロ」と表すこともできます。興味がある方は式で考えてみてください。

2つ目は、**電流が流れる経路では、トータルでは電圧がゼロになる**というものです。図1のように電流が流れるためには、電圧を高く上げるものが必要で、実際の回路では電池などがこの役割を担います。

電池のところで上がった電圧は、抵抗を通るごとに下がっていって、最終的には電池に戻ってきます。「同じ高さの地点に戻ってきている」ことになりますので、トータルでは電圧がゼロとなるというわけです。

ここまで簡単に説明しましたが、とはいえ、キルヒホッフの法則に基づいて式を立てたり計算したりすることはほとんどありません。それほど複雑でない回路なら、無意識のうちにこれらの関係式を使っていることが多いように思います。次で例を見てみましょう。

⚡ LED の電流制限抵抗

電子工作でLEDを点灯させるとき、「抵抗をはさめ」と教えられたり、本や記事に書かれているのを読んだりしたことがある方も多いと思います。なぜ抵抗をはさむのか、また、どんな抵抗をはさめばいいのか、オームの法則を使って考えてみましょう。

まず、LEDについて説明しましょう。LEDはダイオードという電子部品の一種で、**図4**の矢印の方向に電圧を加えると電流が流れますが、逆向きに電圧を加えると電流が流れないという特徴があります。電流が流れると、その電流が持つエネルギーの一部が光に変わることで、光るという仕組みです（なお、ここでLEDが光る方向を**順方向**、光らない方向を**逆方向**といいます）。

LEDに加える電圧と電流の関係は、**図5**のようになることが知られています。グラフの右半分は順方向に電圧を加えた状態、左半分は逆方向に電圧を加えた状態です。逆方向で電流が流れないのはもちろんですが、順方向でも一定の電圧（ここでは2.1V）を超えない状態では電流がほとんど流れず、2.1Vを超えると急に大きな電流が流れはじめることがわかります。

この特徴を極端に示したものが**図6**です。2.1Vまでは「電流はまったく流れない」、2.1Vになると「電流はいくらでも流れ、電圧は2.1Vで一定」とみなしたグラフです。2.1Vのときに実際に流れる電流の大きさは、LED自体ではなく、LEDがつながっている回路によって決まることになります。よって、「電流が流れているとき、LEDの電圧は2.1Vで一定」と言うこともできます。このような、電流が流れているときの一定の電圧を、**順方向電圧**といいます。

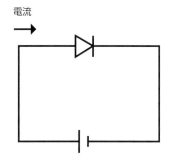

図4 ダイオードに電圧を加えると電流が流れる

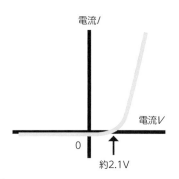

図5 LEDに加える電圧と電流の関係

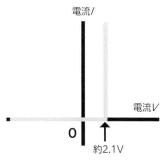

図6 図5のグラフを簡略化したもの

ここで、LEDを2.1Vの電圧源とみなすと、LEDに5Vの電源（電池）と抵抗をつないだ状態は**図7**のように考えることができます。抵抗の両端の各点における電圧を、電源のマイナス側を基準として測ると、それぞれ5Vと2.1Vとなり、抵抗の両端の電圧は5−2.1＝2.9Vとなります。

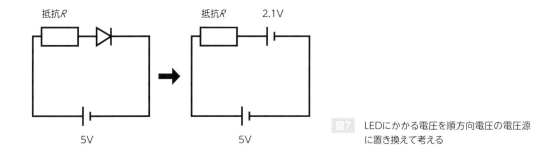

図7 LEDにかかる電圧を順方向電圧の電圧源に置き換えて考える

LEDにどれくらいの電流を流すかは、使用するLEDの規格と、光らせたい明るさの度合いによって決まりますが、一般的には10mA程度とされています。LEDに10mAを流すと、抵抗にも同じ10mAが流れます。オームの法則から、抵抗の値Rは、両端電圧Vと流れる電流Iとの間に$R=V/I$という関係になるため、$V=2.9V$、$I=10mA=0.01A$より、$R=2.9/0.01=290\Omega$ということになります。

ちなみに、よく「LEDにつなぐ抵抗は1kΩにしておけばだいたい大丈夫」と言いますが、上記で求めた290Ωはこれよりだいぶ小さな値です。1kΩの抵抗をつないだ場合、LEDに流れる電流は$I=V/R$＝2.9/1000＝2.9mAとなり、10mAよりだいぶ少なくなります。その分、光り方は暗くなりますが、最近のLEDは少ない電流でも十分明るく光るものが多いので、「とりあえず1kΩ」というのもそれほど大きく外れているわけではなさそうです。

なお、以上の計算では、LEDの順方向電圧は2.1Vで一定だと仮定していましたが、図5で見られるように、実際には完全に一定というわけではありません。抵抗の値と流れる電流の関係はそれほど簡単には求められず、厳密に求めるためには「負荷線」という考え方を使います（興味がある方は調べてみてください）。ただ、LEDについては、図5の厳密なグラフと負荷線を使わなくても、図6の「順方向電圧が一定」という近似で十分なことがほとんどなので安心してください。

⚡ 電池の内部抵抗

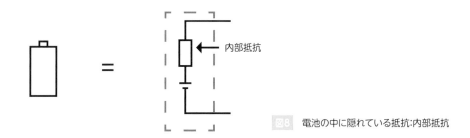

図8 電池の中に隠れている抵抗：内部抵抗

もう1つ、オームの法則を使って理解できる現象を紹介しましょう。

乾電池には、アルカリ電池とマンガン電池があり、使い分けとして、一般的に「電流が多く流れる機器ではアルカリ電池、そうでない機器ではマンガン電池」と言われています。実際に、電流が多く流れる機器でマンガン電池を使ってみると、あっという間に動かなくなってしまいます。ですが、そこで使えなくなった電池でも、テレビのリモコンのような、流れる電流がとても少ない機器では十分使えたり

もします。どういうことなのでしょうか。

　これは**内部抵抗**の違いとして理解することができます。内部抵抗とは、電池の中にある抵抗のことです（**図8**）。電池の中に抵抗素子が入っているわけではないのですが、電池に使われている素材に含まれる電気抵抗などにより、中に抵抗素子が入っている「ように見える」ということです（ちなみに、複雑な抵抗や電圧源がある回路でも、外から見ると同じく「電圧源と内部抵抗だけがあるものと見なすことができる」という、**鳳-テブナンの定理**があります）。

　電池の内部抵抗は、メーカーやサイズによって異なりますが、一般的にアルカリ電池は約1Ω、マンガン電池は約50Ωであることが多いようです。乾電池の内部で生じる電圧は、アルカリ電池でもマンガン電池でも同じで、標準1.5Vです。

　仮に、乾電池のプラス極とマイナス極を導線でショートさせてみたとして考えてみましょう（**図9**）。電流と消費電力を求めると、それぞれ以下の値になり、電流がほぼすべて熱に変わっていることがわかります。

- アルカリ電池　　［電流］1.5A　［消費電力］1.5W
- マンガン電池　　［電流］0.03A　［消費電力］0.045W（45mW）

　数値を見ただけではイメージしにくいかもしれませんが、例えば、アルカリ電池の1.5Wはなかなか大きな消費電力で、煙が出て触れなくなるくらい熱くなります。実際、私が教える電子工作教室でアルカリ電池を使ったときに、参加者が電池をショートさせてしまい、煙が出たことがありました。電池を抜こうにも熱くて抜けず（軽い火傷をしてしまいました）、結局は電池ボックスの端子を切断して電流を止めました。このような万が一のショートによる事故や怪我を避けるため、小学校の理科の教材や子ども向けのおもちゃではマンガン電池が使われていることが多いです。

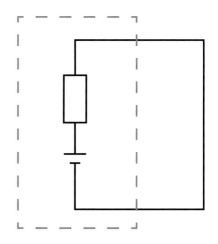

図9　電池の両端をショートした状態の回路

電気製品はなんで安全なの？

日常生活で何気なく使っている電気製品ですが、電気製品はその安全を保証するために、いろいろな規格や設計上の工夫を経て作られています。ここでは、私たちが電気製品を「買う」「使う」うえで、十分に安全かを確認するためのポイントを一緒に見てみましょう！　逆に、「危ない」製品を見分けるポイントがわかっちゃうかも……？

法令や規格を確認しよう！

まずは、電気製品が、日本国内での販売・使用に必要な規格や法令の対象かどうかを確認してみましょう。押さえておきたいのは「電気用品安全法」「資源有効利用促進法」「技術基準適合証明等」の3つ。対象になる製品の場合は、マークなどの表示がされているかも確認します。

⚡ 電気用品安全法

電気用品安全法は、電気製品の安全を保証するための法令です。電気製品の製造・輸入事業者に対して、届出や検査、マークの表示などが義務づけられています[1]。

数回の検査や確認を経た製品に対して、**PSEマーク**を表示します。PSEマークは2種類あり、「特定電気用品」か「特定以外の電気用品」かによって異なります（**図1**、**図3**）。身近な電子機器では、ACアダプタ、テーブルタップは「特定電気用品」、モバイルバッテリー、LED電球（口金つき）、電熱器具（トースター、ホットプレートなど）は「特定以外の電気用品」に該当します（**図2**、**図4**）[2]。

身近な製品で、ぜひ正しいPSEマークが表示されているか確認してみましょう。

図1　特定電気用品のPSEマーク（ひし形）

図2　USB充電器のPSEマーク表示例
登録検査機関（TÜV Rheinland）のマークも表示されている

---

1 電気用品安全法（METI/経済産業省）https://www.meti.go.jp/policy/consumer/seian/denan/
2 電気用品安全法の概要-電気用品安全法（METI/経済産業省）
https://www.meti.go.jp/policy/consumer/seian/denan/act_outline.html

図3 特定以外の電気用品のPSEマーク(円形)

図4 モバイルバッテリーのPSEマーク表示例

⚡ 資源有効利用促進法

　資源有効利用促進法は、製造・輸入事業者に対してリサイクルが必要となる製品を指定し、取り組むべき内容を定めた法律です。具体的には、分別回収のための識別表示（**図5**）、自主回収・リサイクルシステムの構築などが義務づけられています[3]。

　身近な電子機器ではモバイルバッテリーなどが「小型二次電池」の対象となっています（**図6**）。

　なお、ほとんどの自治体ではモバイルバッテリーの回収は行っておらず、製造・輸入事業者による業界団体の一般社団法人JBRCで回収を行っています[4]。モバイルバッテリーを買うときは、廃棄までを考え、識別表示を確認するようにしましょう。

図5 小型二次電池の識別マーク

図6 モバイルバッテリーの識別マーク表示例

---

3 3R政策(METI/経済産業省) https://www.meti.go.jp/policy/recycle/index.html
4 種類・用途 | 小型充電式電池のリサイクル 一般社団法人JBRC https://www.jbrc.com/general/type/

技術基準適合証明等

技術基準適合証明等（**技適**）は機器を使用する人が無線局を開設するために使用する無線設備が技術基準に適合していることを証明する仕組みです。無線通信の混信や妨害を防ぎ、電波の効率的な利用を確保することを目的としています。

「無線局を開設することなんて、日常生活ではないんじゃないの？」と思われるかもしれませんが、Wi-FiやBluetoothなど、電波を発生させるものの使用は「無線局の開設」にあたり、原則として免許制となっています。ただし、日常生活で使用するような、携帯電話やBluetoothマウス・イヤホンなど、小規模な無線局（**特定無線設備**）については、「**技適マーク**」がある場合、無線局の開設手続きなしで使用できます（**図7、図8**）[5]。

こうした機器の技適は、製造・輸入・販売業者などが所定の登録証明機関に申請して取得します。無線設備1台1台を試験などで証明する**技術基準適合証明**と、機種（商品の型式・型名）ごとに書面および試験などにより認証する**工事設計認証**の2種類があります。一般的に、量産機器は工事設計認証を取得することになります。

また、日本国内での無線機器の使用には原則として技適マークが必要ですが、例外として、短期間の実験等を目的とした輸入機器など、届出を行うことで使用できる場合があります[6,7]。

技適は、機器の使用者に責任が生じます。電源を入れる前に、正しい技適マークの表示があることを確認しましょう。

図7　技適マーク

図8　Bluetoothイヤホンの技適マーク表示例

---

5 総務省 電波利用ホームページ｜基準認証制度｜制度の概要(登録証明機関一覧)
https://www.tele.soumu.go.jp/j/sys/equ/tech/index.htm
6 技適未取得機器を用いた実験等の特例制度 https://exp-sp.denpa.soumu.go.jp/public/
7 総務省 電波利用ホームページ｜その他｜技適未取得機器を用いた実験等の特例制度
https://www.tele.soumu.go.jp/j/sys/others/exp-sp/#law

製品スペックどおりか確認しよう！

　USB充電器やモバイルバッテリーのパッケージには、出力電流や充電規格など、製品スペックが記載されています。これらのスペックは、個人で購入できる機材を組み合わせて簡単に確認することができます。実際に、USB充電器のスペックを確認してみましょう（**図9**）。

```
商品仕様  サ イ ズ ： 約50×54×29mm
         コネクタ形状 ： TYPE-Cポート/USB-Aポート
         定 格 出 力 ： TYPE-C 5V3A/9V2.22A/12V1.67A
                      USB-A 5V3A/9V2.0A/12V1.5A
         定 格 入 力 ： AC100-240V 50-60Hz 0.6A
         出　　　力 ： 最大20W
         材　　　質 ： ポリカーボネート, ABS
```

図9　USB充電器(PD対応)のスペック表示例

⚡ 急速充電規格の確認

　商品仕様には「USB Type-C（USB PD）とUSB Type-A（Quick Charge）の2種類の高速充電規格をサポートしている」と記載されています。実際の製品がスペックどおりの急速充電規格をサポートしているかは、**USB急速充電プロトコルチェッカー**を使って確認できます（**図10**）。充電規格を調べたいポートにチェッカーをつないで、サポートする急速充電の確認操作を行うだけです（**図11**）。

図10　USB急速充電プロトコルチェッカー
ChargerLAB POWER-Z KT001

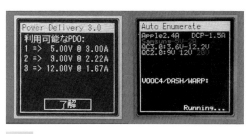

図11　USB充電規格の確認結果：
USB PD(左)とQuick Charge(右)

⚡ 出力電流 - 電圧特性と過電流保護動作の確認

　出力できる電流が製品仕様どおりかは、**電子負荷装置**を使用して電流を測定することで確認できます（**図12**）。

図12　出力電流-電圧特性の測定

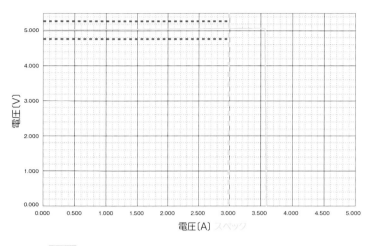

出力電流と電圧の関係は、表計算ソフトでグラフにしてみるとわかりやすいです。USB充電の規格では、出力電圧は定格出力電流以下で±5%以内（出力電圧5Vの場合、実測値が4.75 ～ 5.25Vの範囲内）である必要があります。

図13のように、定格出力電流までの電圧変化が少なく、定格出力電流を超えた場合でも、安全のために過電流保護機能が動作して出力が停止していれば問題はないといえます。

図13　出力電流-電圧特性測定結果

分解して確認しよう！

規格や専用の測定装置での確認だけでなく、分解することで見えてくる安全性もあります。実際に分解した例を参照しつつ、チェックするポイントを紹介します。

LiPo電池に保護回路はある？

図14　保護回路つきのLiPo電池

充電機能つきの機器には、アルミニウム製のフィルムで覆われたLiPo電池（リチウムイオンポリマー電池）を使用しているものが多数あります。過充電・過放電により可燃性ガスが発生しますので、安全のためには、これを避けるための保護回路基板が必要です（**図14**）。

ただし、格安のモバイルバッテリーなど、LiPo電池ではなく制御基板側に同等の機能を持たせて保護回路を実装しているものもあります（**図15**）。心配な場合は回路も併せて確認しましょう。

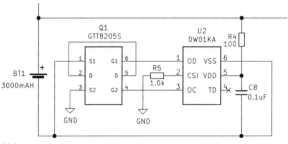

図15　制御基板側に実装された保護回路(左)と回路図(右)

LiPo 電池の充電制御 IC を使っているか

　容量の大きいLiPo電池は、専用の充電制御ICで充電する仕組みになっているか確認しましょう（**図16**）。LiPo電池が接続されている回路を調べて、回路図を描いてみるのも良いと思います。

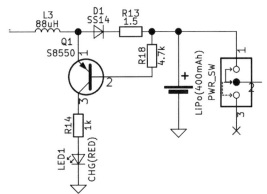

図16　充電制御IC(パッケージはSOT23-5が多い)(左)と回路図(右)

　コストダウンのため、ダイオードを用いてLiPo電池の充電を行っている機器も見かけることがあります（**図17**）。このような回路では充電電流を制御できないため、過充電により危険な状態になる可能性が高くなります。できる限り避けたほうが良いでしょう。

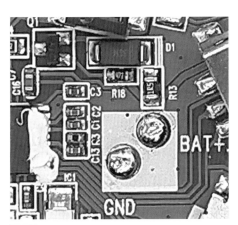

図17　LiPo電池をダイオードで充電している回路(左)と回路図(右)

LiPo 電池はサイズのわりに容量が大きくて便利な反面、取扱い注意な部分もあります。大体は危険を避けるための配慮がされているけれど、一部は…… 分解してみないとわからないのが難点ですね。

⚡ 放熱設計は超重要

シリコーングリス
（白い膜っぽい部分）

図18　LED電球のヒートシンク（左）とLED基板（右）

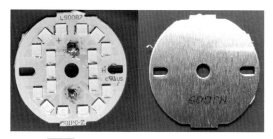

図19　アルミ基板

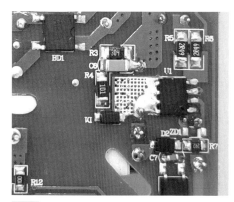

図20　スイッチング素子の基板パターン

図21　GaNを採用したスイッチング素子（Power Integrations INN3266C）

　LED電球やUSB充電器といった発熱の大きい機器では、放熱設計がとても重要になってきます。発熱部品の放熱が十分にできていないと、故障に直結します。

・LED電球の例

　LED電球は、本体部分が金属製のヒートシンク（放熱板）でできています（**図18**）。発熱の大きいLED基板との接触部分にシリコーングリス（潤滑剤）を塗布しているものがおすすめです。接触部分にシリコーングリスを塗布することで、熱伝導が良くなります。

　明るさの度合いが大きいLED電球ではLED基板の発熱も大きいので、一般的に使われているガラスエポキシ樹脂製の基板ではなく、熱伝導の良いアルミ基板が使用されている場合もあります（**図19**）。格安のLED電球では、上記のヒートシンクや基板などの放熱対策が不十分なものも見かけますが、発熱により部品やはんだが劣化して故障しやすくなるので避けたほうが良いでしょう。

・USB充電器の例

　USB充電器では、ACコンセントの入力からUSBポートへの出力電圧を作るための大電流をON/OFFするスイッチング素子の発熱が一番大きくなります。放熱のためには、基板パターンを広く取り、さらにはんだを盛るという対応を行います（**図20**）。

　最近では、高速スイッチングができて発熱が少なく、放熱性に優れるGaN（窒化ガリウム）を採用した製品が増えており、同じスペックであれば小型化が可能です（**図21**）。コストも下がってきているので、製品説明などに「GaNを採用」と記載されたものを選ぶと良いでしょう。

　一般的な電子機器でも、発熱は製品寿命に直結します。ケースを手で触ってみて極端に熱い部分がある場合は要注意です。

基板パターンは GND に注目

　少し難しいですが、分解してプリント基板のパターンを見てみるという方法でも、信頼性に配慮した設計かどうかを知ることができます。ここでは例として、両耳タイプのBluetoothステレオイヤホンのパターンを比較してみましょう。

　まず、違いのわかりやすい、Bluetooth用のアンテナパターンを見てみます。良い設計例（**図22**）では、基板パターンで構成された**板状逆F型アンテナ**（Planar Inverted-F Antenna）となっていますが、イマイチな設計例（**図23**）では、単純な直線の基板パターンです。この違いは、Bluetoothの感度に影響します。

　次に、GNDパターンです。一般的に、デジタル・アナログ・無線の各GNDは、ノイズを避けるためにできるだけ短い配線でメイン電源のGNDに接続します。良い設計例では、コントローラICで生成する電源（デジタル・アナログ・無線）のコンデンサがお互いに近接して配置されています。これによって各GNDがメイン電源（LiPo電池）のGNDに太いパターンで接続できています。これに対して、イマイチな設計例では、コンデンサの位置がICの上下に分散しています。図23下段（裏面）のGNDパターンが長い信号パターンで上下に分かれていることもあり、デジタル回路・アナログ回路・無線回路のGNDが遠回りして途中で合流しながらメイン電源（LiPo電池）のGNDに戻っています。この場合、動作時にデジタル回路のノイズがアナログ回路や無線回路に回り込んで、ノイズが増える可能性があります。

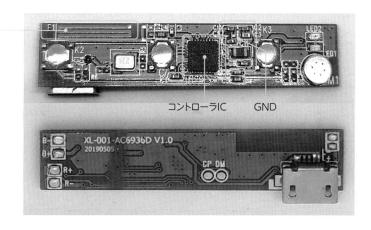

Bluetoothアンテナ

コントローラIC　　GND

図22　良い基板設計の例

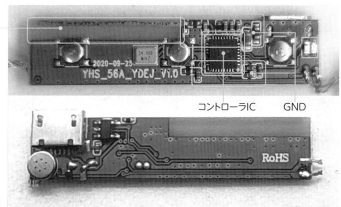

Bluetoothアンテナ

コントローラIC　　GND

図23　イマイチな基板設計の例

大手メーカーなら安心？

最後に、格安電気製品と大手メーカー品の違いを分解して調べてみましょう。

⚡ LED電球の例

図24は、100円ショップと日本の大手メーカーのLED電球を分解し、制御基板を比較したものです。

(a)100円ショップ　表面

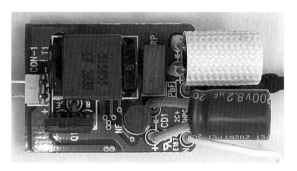

(c)大手メーカー　表面

(b)100円ショップ　裏面

(d)大手メーカー　裏面

図24　LED電球の制御基板

　100円ショップ製は片面基板で、部品も少なくシンプルな回路構成です。一方、大手電器メーカー製は両面基板を使用し、輝度を安定させるためのトランスと多くの部品からなる制御回路も実装されています。製品寿命への影響が大きい電解コンデンサも大容量のものが使われており、長時間使ったときの動作の安定性や故障の危険性という面では両者はまったくの別物と考えて良いでしょう。

　価格は大手電器メーカー製が100円ショップ製の約5倍ですが、LED電球は製品の性格上、長く連続して使用されることを考えると、大手電器メーカー製のほうが安全といえるでしょう。

⚡ USB 充電器の例

　今度は、100円ショップと欧州の老舗メーカーのUSB充電器（出力定格は同一）を分解し、制御基板を比較します。どちらもメイン基板とサブ基板の2枚構成です。

(a)100円ショップ　表面　　(b)100円ショップ　裏面　　(c)老舗メーカー　表面　　(d)老舗メーカー　裏面

図25　USB充電器のメイン基板

　まずは、メイン基板の比較です（**図25**）。老舗電器メーカーのほうが、電源トランス、電解コンデンサは容量の大きなものを使用しています。使用している半導体ICが異なるため、周辺部品の数は異なりますが、基本的な回路機能に大きな差は見られません。

(a)100円ショップ　表面　　(b)100円ショップ　裏面　　(c)老舗メーカー　表面　　(d)老舗メーカー　裏面

図26　USB充電器のサブ基板

　次に、サブ基板の比較です（**図26**）。老舗メーカーは裏面のダイオードにパッケージの大きなものを使用しています（図26（d））が、100円ショップ製品も使っている部品に問題があるわけではありません。サブ基板も、使用している部品の違いはありますが、基本的な回路機能には大きな差は見られません。

　価格は老舗電器メーカーが100円ショップの約3倍で、部品の設計はやや余裕がある＝長時間使用時に壊れにくい設計となっています。どちらかといえば老舗電器メーカー製のほうがより安全な設計ではありますが、機能や回路動作はほぼ同等といえます。

分解して電気製品の安全を確認してみた結果

　ひと昔前と比べると、格安電気製品の品質は格段に良くなってきています。日本国内規格を取得していない怪しい製品もあまり見かけなくなりました。ただし、実際に分解してみると、使用している部品や寿命に対する設計的な余裕、異常動作時の故障保護回路など、大手メーカーが設計した製品のほうが優れている部分があることがわかりました（もちろん、製品の価格差によるところも大きいのでしょう）。

　とはいえ、価格が安いというところは魅力的なポイントでもあります。ここで見てきたような設計の違いを理解したうえで、製品の信頼性と価格のバランスで判断することが重要です。

コラム・分解の権利 ❷ ──高須正和

If you can't open it, you don't own it · 分解の権利のための戦い

　ほんの数十年前まで、ハードウェアは自分で修理しながら使うのが当たり前でした。例えば、Apple最初のヒット商品「Apple II」（1977年）には、完全な回路図が添付されていました。今でも、自動車のディーラーには取り扱っている自動車のパーツリストがありますね。

　一方で、ハードウェアがどんどんモジュール化されると、修理工でも内部がわからなくなってきます。それは「このハードウェアはこういうもので、こんな仕組みで動いている」という体感から人を遠ざけ、エンジニアリングを「自分でなく誰かが、自分の見えないところで行うもの」にしてしまいます。また、影響力の大きい人はたいてい「ルールを作るほうで、破るほうではない」ので、流れのままだと社会はどんどん分解しづらくなっていきます。

　そういった流れへの警鐘として、「分解しやすく、修理しやすいハードウェアを！」「If you can't open it, you don't own it（中身が開けられないなら、それは自分のものと言えない）」などのスローガンを掲げて活動するメイカーやエンジニアは多くいます。アメリカには「電子フロンティア財団」というテクノロジー分野での自由を追求する団体もあり、DCMAのときは彼らが大活躍して、法律の改正につながりました。

　日本は分解について寛容な国なのでありがたいですが、その権利には常に自覚的であるべきです。電子フロンティア財団をはじめとする多くのメイカーやエンジニアたちの活動に敬意を表しましょう。

第5章

分解は対話だ！

モノを通して設計のこころを知ろう

楽しく分解するための ガジェットの選び方

01

「どういうものを分解するか」というのは、分解をするためにとても重要な選択です。分解は意外と手間がかかりますので、「分解してみると面白そうだ」という好奇心を基準にして選ぶのがおすすめです。でも、どんなものが「分解すると面白そう」なのでしょうか? ここでは、私たちがふだん分解するものを選ぶときの、選び方の観点をまとめて紹介します。

一気に値段が下がったもの（技術革新!?）

家電量販店や大手通販サイトでは数千〜1万円程度で販売されていたガジェット（電子機器）が、100円ショップやディスカウントストア、ドラッグストアなどでも販売されはじめ、しかも値段がぐんと下がっているという現象を、近年よく見かけます。

そういうものを目にしたら、**とりあえず買って分解してみましょう。**

「機能を絞って安く売っている?」「直輸入でコストダウン?」「何か技術革新があった?」など、分解してみると理由が必ず見えてきます。特によく見かけるのは、**SoC**（System on a Chip）を採用することでコストダウンを実現しているというケースです。このようなガジェットでは、必要最低限の（でも通常使用には十分な）機能を1個の半導体IC（SoC）に集約しています。

一般の人には名前を知られていないけれど、格安ガジェットではよく見る半導体メーカーもいくつもあります。もしかしたら数年後には大きく成長するかもしれないので、興味を持って追いかけてみるのも楽しいポイントの一つです。

また、一気に値段が下がったガジェットの商品ジャンルをAliExpressなどの海外通販サイトで検索してみると、似たようなものがたくさん見つかります。そんな中から「次はどんなものが安くなるか」というのを想像してみるのも面白いです。

図1
完全ワイヤレスイヤホン
安くても1万円前後のものが多かった状況で、機能を絞って1,100円で登場した

一気に値下がりしたガジェットの例

- ・LED電球（家庭などで使用される一般照明の電球）
- ・USB充電器
- ・Bluetoothスピーカー
- ・完全ワイヤレスイヤホン（**図1**）など

⚡ 定点観測（見た目は同じでも中身が違う？）

　ガジェットを販売しているお店やウェブサイトを定期的に巡回しているのですが、継続して観測していて気づいた現象として、「人気商品が一旦姿を消して、数か月後に販売が再開される」ということがあります。ガジェットの外箱までまったく同じということもあれば、外箱は一新されていることもありますが、ガジェット自体の見た目はほとんど変わらないことが多いです。

　また、ある100円ショップで販売されて話題になった商品と同じような見た目のものが、別の100円ショップやドラッグストアでも販売されるということもよくあります。

　このような「おや、前にも／別の店でも見たことあるぞ」というガジェットを見かけたら、**とりあえず買って分解してみましょう**。最初に販売されたものと、販売再開後の両方を入手して分解、比較してみると面白い発見を得られる可能性が高いです。外形は同じ商品に見えて、中身は別のものになっていたりするためです。

　おそらく商品ジャンルごとに基板と外装が共通化されていて、それらを組み合わせて商品を作っているのでしょう。これらは中国語で「**公板（共通化された基板）**」「**公模（共通化された外装）**」といわれ、広く行われている作り方のようです。

　外形は同じまま中身が入れ替わって、外箱記載の商品スペック上は軽微な違いに過ぎなくても、分解して比較することで、使っている部品やプリント基板の構成、電子回路の設計内容の違いなどが見えてきます。

定点観測でアップデートしたガジェットの例

- Bluetoothヘッドセット（**図2**）
- デジタルキッチンタイマー（**図3**）　など

図2 **Bluetoothヘッドセット**
外形は似ているが、使われているICの型番は異なっている

2018年7月製造

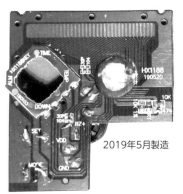
2019年5月製造

図3 **キッチンタイマー**
製造時期によって基板パターンや裏づけ部品が異なっている

⚡ 仕組みが気になる（どうやって動いているの？）

　ポンと叩いたり、息を吹きかけたり、振ったり、回したり。このように、何らかのアクションで動作が変わるようなガジェットもときどき見かけます。

　「これ、どうやって動作しているのだろう？」と思うものがあれば、**とりあえず買って分解してみましょう**。

　特に、動くおもちゃは工夫の宝庫です。おもちゃは流行りがあり、型落ち品が安く販売されていることも多いので、ねらい目でもあります。意外なものがセンサとして利用されていたり、ほかではあまり見たことがない部品が使われていたりと、新しい発見に出会えます。

図4　LED不思議なキャンドル
ろうそくのように、息を吹きかけるとLEDが消える

仕組みが気になるガジェットの例

- ・LED不思議なキャンドル（**図4**）
- ・ポンポンライト
- ・マジョカアイリス（**図5**）
- ・とんで！オウリーなど

図5　マジョカアイリス
細長い液晶パネルが使用されており、セールで
激安販売されてインターネットで話題になった

一歩踏み入れればとりこになる
電気街の歩き方

02

目指せアキバ王！
まずは秋葉原を攻略しよう！

サンコーレアモノショップ ⑧

⑦ じゃんぱら

マルツ ④

⑥

IOSYS

ドン・キホーテ

アニメイト

秋葉原
UDX

中央通り

ベルサール
秋葉原

ビックカメラ

↑御徒町駅

JR山手線・京浜東北線

秋月電子通商　　akiba LED ピカリ館

① ② ⑨

千石電商　　Shigezone

ダイビル

⑤

東京ラジオデパート ⑩ 秋葉原最終処分場

秋葉原駅

① 秋月電子通商

[よく行く度：★★★]

以前は「ちょっと変わった電子部品」を
売っている「通」の店でしたが、最近は
抵抗やコネクタなどの定番の電子部
品も充実しています。一方、ちょっと
変わった電子部品もあったりするの
で要チェック。ものによっては値段が
非常に安くて、中国のAliExpressや
Taobaoより安いものもあります。ど
うやって仕入れているのかは謎。

トータルでは一番使ってるかも！ 特に
初心者のころは、こういう大きめのショ
ップが安心。

② 千石電商

[よく行く度：★★★]

昔は一点物（在庫限り）のちょっと怪しい電子部品を売っていましたが、その後「定番の電子部品がある」（飛び抜けて面白いものは少ない）スーパーのような電子部品ショップになりました。最近はArduinoやSeeed製品の扱いもありつつ、ほかのお店では見かけないマイコンボードも売っていて目が離せません。

本店3階の入口前でよく謎のおもちゃを売ってるので、行ったときは必ずチェックしてる。2号店で売ってる短いmicroUSBケーブルは消耗品としてまとめ買いしてる（よく失くすので）！

変換コネクタコーナーが充実していて、特殊なコネクタもあるので、困るとまずここに探しに行きます。LiPo電池を買えるのも嬉しいですね。レジ周辺の箱にたまに掘出し物の特売品があるので要チェック！

③ aitendo（実店舗は休業中）

[よく行く度： ―]

幅広い電子部品が店内の棚にぎっしり詰まっていて、まさに「電子部品のテーマパーク」でした。今は通販のみ。

旧店舗には安い電子工作キットや、AliExpressにはあるけど日本の電子部品屋さんだとなかなか見つからない部品を探しによく行ってた。旧店舗はほかの電子部品屋さんと少し離れた場所にあって、移動する途中にある外神田5丁目交差点のたい焼き屋さんで、必ずたい焼きを買い食いしてた。

④ マルツ

[よく行く度：★★★]

定番の電子部品の品ぞろえについては安定・安心のマルツ。ときどきジャンクや在庫限りの出物もあります。Digi-Keyで扱っている部品を取り寄せられるのは便利。また、全国に展開している&東京以外の地区での出店も多く、地方在住者にとっては貴重なお店。

広めのワンフロアに電子工作用の工具や部品、マイコンボードがそろってて、落ち着いて買い物できる。M5Stack関連の品ぞろえが豊富。

電子部品だけでなく、ニッパーやはんだごての補修パーツなど、工具類を実際に見て買えるのも嬉しいポイント。

⑤ Shigezone

[よく行く度：★★]

中国・深圳で売っているような、ちょっと変わったもの、ニッチだけどめちゃ便利なものが多数あって、飽きないお店。

⑥ IOSYS

[よく行く度：★]

中古PC・スマホがメインだが、謎ケーブルや謎デバイスをたまに売っているので要チェック。

⑦ じゃんぱら

[よく行く度：★]

掘出し物のジャンク品がちらほら。

⑧ **サンコーレアモノショップ**

［よく行く度：★］

 中国でOEMしたような謎ガジェットがたくさんあって、分解欲をそそられます。

 ⑨ **akiba LED ピカリ館**

［よく行く度：★］

 LEDテープやLED用ドライバー、コントローラーなど、光り物系の品ぞろえが充実してる。店員さんが電子工作初心者や門外漢にも超優しいので、安心しておすすめできるお店!

 ⑩ **秋葉原最終処分場**

［よく行く度：★］

 以前の秋葉原には、「ジャンク屋」と呼ばれるお店が何軒かありました。いろいろなところから仕入れてきたらしき「動くかどうかわからない」「詳細不明」のものが無造作に置いてあるお店がほとんどでした。そこで売っているものは、基本的には一点物なので「一期一会」「迷ったら買う」が基本です。古めだけどまだ使えるコンピュータが格安で売っていたりと、秋葉原での電子工作ライフの大きな楽しみの一つでしたね。そのころの秋月電子や千石電商でも、「在庫限り」の詳細不明のパーツがあったりしました。

その後、時代は流れ、秋葉原の客層が変わってきたころからか、ジャンク屋が少しずつ減っていきました。かつて個人的によく行っていた丹青通商が秋葉原で閉店するときにお店に貼ってあった「秋葉原の客層が変わり、ジャンクの意味を理解していないお客さんが増えてきて、ジャンク屋を続けられなくなった」という言葉が、時の流れをよく表していると思います。

ところが、ここ数年、「ジャンク屋の復活」を思わせるようなお店が増えてきました。個人的には秋葉原のラジオデパートに、そのようなお店が多く集まっている印象です。「秋葉原最終処分場」もその一つです。その名のとおり、捨てられていたものを拾ってきたような、何に使うかわからないものが多く、基本的にはまさにジャンク品ですが、ときどき、使えるものもあったりして、何より「今日は何かおもしろいものがあるかな」というワクワク感がたまりません。このワクワク感は、最近の「電子部品がだいたいそろう、便利になった秋葉原」で、感じることが少なくなってきたものだと思います。同じラジオデパートに入っているShigezoneや、以前営業していたRe:custaも、ジャンク品ではないものも扱っていますが、同じように「ワクワク感を感じる」お店のように思います。

カオスとワクワクのコラボレーション
深圳でバックヤードに潜る

深圳の電気街「华强北」は、世界最大といわれるだけあって、大きな電脳ビルがそびえ立ち、中に踏み入れると小さな店舗が所狭しと立ち並び……と、なかなかカオスな光景です。しかし、ただお店が立ち並んでいるだけではありません。工場に直結しているというのが、华强北の大きな特徴です。ここでは、お店から工場まで、华强北の裏側を探ってみましょう。

深圳の電気街「华强北」は工場と地続き

　深圳には华强北（華強北、HuaQiangBei、フアチャンベイ）という世界最大の電気街があります。华强北はただ大きいというだけでなく、「工場の一部」という特徴がある電気街です。

　もともと华强北電気街は、工場同士で足りない部品を融通し合うために生まれました。工場では製造のために数千個、数万個という単位で部品を買うので、製造後に余りが出ます。一方で、「今日この部品が500個ないと製造が止まる」と、切羽詰まっている工場もあります。そうした工場同士が部品をやり取りするために、1990年代に生まれたのが华强北です。

　今では完成品のガジェットも店頭に並んでいますが、工場直営のところが多く、中の部品だけでも売ってくれるし、大量に買えばカスタマイズの相談もできます。また、1つだけ買う場合でも融通が利きます。実際に、僕がアクションカメラを買ったとき、欲しい色が店頭になく、「赤でなくて白がほしい」と話したら、その場でカメラを分解して赤のフロントパネルを白に変え、元どおりの化粧箱に入れて保証シールを貼り直してくれました（**図1**）。

　华强北で取引される主力商品は、工場の街らしくマイコンやコネクタ、ケーブルやスイッチといった個々の部品です。ほかの電気街は家電製品やゲーム機などの完成されたガジェット類が中心で、部品はラジオデパートなどの一部の場所に押し込められている傾向にあります。でも、华强北の中心は部品屋であり、それぞれの部品屋は郊外の工場と直接つながっています。仕入れて売るタイプの店だけでなく、工場の直営店が多いのも特徴です。

　近年は取引がオンラインに移行し、华强北も消費者の街に変化しつつありますが、工場とつながっている店もまだあります。

図1　店頭に出ていない色のアクションカメラがないか聞いてみたら、その場でフロントパネルを取り替えてくれた

工場は分解バイブスに満ちた場所

　今回紹介するのは部品が作られるバックヤード、工場見学です。分解の達人バニー・ファンは、「Media Lab Shenzhen」という企画を毎年開催しています。MITメディアラボでハードウェアを作っている研究者を連れて、深圳でハードウェア合宿をします。自分たちが研究で使っている部品や、作っているハードウェアと似たカテゴリの製品を作ってる工場に赴き、ハードウェアが作られる過程やその作り方に直接触れることで、そのハードウェアがどういうものか、なぜその機能を持っているのかについて、より深く理解できます。そして、大量生産と歩留まりが最優先の工場に対して、自分の風変わりな要求やアイデアを伝えることで、歩留まりが悪くなることと引換えに、これまでにないハードウェアを手に入れるチャンスも生まれます。工場でさまざまな部品や材料からハードウェアができ上がるところを見るワクワクは、ハードウェアを部品に戻す、分解のワクワクと同じものです。僕も一度メンターとして参加したことがあります。

　工場で作られるモノは、製造しやすくするためのさまざまな工夫がされています。また、高いものと安いもので性能が違うこともありますが、ほぼ違わないこともあります。このようなことを実地で学ぶために、工場に赴きます。今回は、ファスナー（いわゆるジッパー）の工場に行ってみるとしましょう（**図2**）。高級ブランドの服についているような、高価なファスナーを作っている工場です。

図2　自動でファスナーを作る機械を覗き込むメディアラボの研究者たち

高い部品と安い部品、どこが違う?

　高価な服についているファスナーと安価な服についているファスナーでは、どこが違うのか？　実際に工場を見る前、僕は、材料や精度が違うんだと思っていました。ところが、それは間違っていました。見学した工場では、合金インゴットから鋳造してファスナーの部品を作っていましたが、高いものも安いものも同じ合金からできていて、材料も精度も同じです。

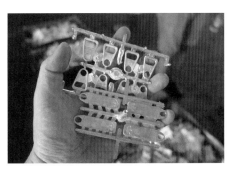

図3　有名スポーツブランドのロゴが刻まれているファスナーの引手

図4　でっぱりつきのファスナーの引手

図5　でっぱりのないファスナーは、機械1台に1人の工員が必要

図6　この工場で一番高いファスナーは、引手部分がプラスチックで覆われており、さらにロゴと色までついている

図7　グリス（潤滑剤）がついたままの再生チップが商品として並んでいる華強北の光景

よく観察してみると、安いファスナーは引手（ファスナーの引っぱり金具）の先端にでっぱりがあります（**図4**）。このでっぱりはファスナーの製造時に機械が掴み上げるためのもので、でっぱりがあると製造を自動化できます。なので、でっぱりつきファスナーの製造ラインでは、機械5〜6台に1人の工員が割り当てられています。人が手動で行う作業は、製造が終わって部品がなくなった機械に部品を補充するだけなので、人手も少なく、価格も安く作れます。

でっぱりのないファスナーの製造ラインでは、工員が引手をつまんで、機械に一つひとつ投入しています（**図5**）。この方法では機械1台に1人ずつ工員が要るし、機械の速度も遅くなります。価格的には10倍以上の差が生まれるそうです。

この工場で作っている最も高価なファスナーは、引手をプラスチックで覆い、プラスチックにブランドロゴを彫り、工員が面相筆で塗料を塗って作られています（**図6**）。すると、さらに10倍、つまり最も安いものに比べて100倍以上に値段がはね上がって、ファスナー1つで1ドル近くになるそうです。

深圳でバックヤードに潜る

また、「生産工程でどのくらい不良品が発生するか」「その不良というのはまったく売り物にならないのか、あるいは低い品質で満足する相手になら売れるのか」といったことも、工場見学を通して見えてきます。そしてその後、華強北に戻ってみると、不良品や二級品でも売り買いされていることがわかります（**図7**）。アウトレット市場みたいなものです。

日本で売っているハードウェアではあまり見かけませんが、深圳で売っている安くて「怪しい」ハードウェアを分解してみると、このような二級品の部品が使われていることもあります。二級品の部品を見つけると、「材料→部品→市場」とつながる流れが見えて嬉しくなります。その流れのうちにある設計者や市場は、それぞれ思惑があって動いています。品質を上げる仕事と下げる仕事、売れるものを選別する仕事と不良品でも売り捌く仕事など、正反対の活動がある中で、全体的に見ると市場が成立しています。「生態系」「エコシステム」と呼ばれるのもわかります。だからこそ、このシステムの中に分け入っていくのは楽しいもので、深圳を探検するとはそういうことなのです。

探検！世界の電気街

ここまで、電気街として日本を代表する電気街・秋葉原と、世界一の電気街・深圳を紹介しました。しかし、世界にはアジアを中心にまだまだたくさんの電気街があります。ここでは個性豊かな世界の電気街を見てみましょう。

電気街いろいろ

　分解したガジェットと同じく、世界の電気街もよく観察して比べることで、それぞれの特徴が見えてきます。ここではまず、電気街を観察して比べるための軸として、扱っている商品の種類と、メインターゲットとなる客層について説明します（**図1**）。

　まず、電気街は扱っている商品の種類を基準にして**電脳街**と**電子部品街**の2タイプに分けることができます。電脳街は、PCやスマートフォンなど、主に完成品の電子機器を販売する電気街です。一方、電子部品街は名前のとおり、抵抗やLED、ネジなど、部品を中心に販売する電気街です。秋葉原のように、電脳街と電子部品街が一体になっているところもあれば、深圳・華強北のように、電子部品街としての性格が強いところもあります。分解対象として面白そうな製品がないか探しに行くなら電脳街、分解のための道具や改造のためのパーツを探しに行くなら電子部品街がおすすめです。

　次に、電気街の客層という視点では、大きく**個人向け**と**業者向け**に分類することができます。秋葉原は個人向けの電気街の代表例といえます。ここで取り上げる電気街も個人向けの電気街が大半ですが、華強北のように問屋としての機能を持つ、業者向けの店舗が並ぶ電気街も存在します。個人向けの電気街のほうが探検のハードルは低いですが、業者向けの電気街では一般のECサイトでは見かけないようなマニアックな製品が販売されているなど、個人向けの電気街とはまた違った面白さがあります。

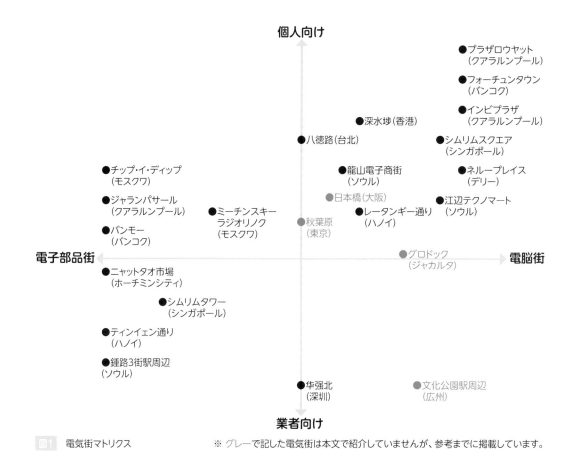

個人向け

●プラザロウヤット
（クアラルンプール）

●フォーチュンタウン
（バンコク）

●インビプラザ
（クアラルンプール）

●深水埗（香港）

●八徳路（台北）

●シムリムスクエア
（シンガポール）

●チップ・イ・ディップ
（モスクワ）

●龍山電子商街
（ソウル）

●ネールプレイス
（デリー）

●ジャランパサール
（クアラルンプール）

●ミーチンスキー
ラジオリノク
（モスクワ）

●日本橋（大阪）

●江辺テクノマート
（ソウル）

●バンモー
（バンコク）

●秋葉原
（東京）

●レータンギー通り
（ハノイ）

電子部品街

グロドック
（ジャカルタ）

電脳街

●ニャットタオ市場
（ホーチミンシティ）

●シムリムタワー
（シンガポール）

●ティンイェン通り
（ハノイ）

●鍾路3街駅周辺
（ソウル）

●华强北
（深圳）

●文化公園駅周辺
（広州）

業者向け

図1　電気街マトリクス　　　　　　※ グレーで記した電気街は本文で紹介していませんが、参考までに掲載しています。

世界の電気街

　さて、ここからは先ほど紹介した2つの軸を意識しながら、世界のさまざまな電気街を紹介していきます。

❶ ソウル　龍山（ヨンサン）電子商街と江辺（カンビョン）テクノマート、鍾路3街（チョンノサムガ）駅周辺

図2　龍山電子商街・看板やポップの雰囲気が日本と似ている

　まずは韓国・ソウルの龍山電子商街を見てみましょう。ソウル中心部の地下鉄・新龍山駅そばの通りに並んだテナントビルからなる電気街です。複数のテナントビルの中にPC本体や周辺機器を販売するお店が密集しています。どちらかというと電脳街タイプの電気街ですが、電子部品店も数件ありました。SDカードやUSBメモリを看板に貼りつけて展示している販売スタイルは、秋葉原のPC周辺機器販売店ととても似ています（**図2**）。

ソウルには龍山電子商街だけでなく、江辺テクノマートというショッピングセンターのような雰囲気の電脳街ビルもあります。日本では少ないですが、海外ではショッピングセンターのようなタイプの電気街をよく見かけます。1階にはファッションなどを取り扱うお店が並んでいて、2階より上のフロアが電脳街となっています。個人向けの電子機器だけでなく、ほかの電脳街ではあまり見かけない業務用のコピー機なども取り扱っている点が江辺テクノマートの特徴です（**図3**）。

図3 江辺テクノマート・業務用機器専門店もある

また、地下鉄・鍾路3街駅周辺にも電子部品街があります（**図4**）。僕が訪問したのは日曜日だったためか、軒並みシャッターが閉まっていましたが、ほかの方から聞いた話によれば、メカトロニクス製品やICを中心に販売するお店が多いとのことです。メカトロニクス製品が主力ということなら業者向けのビジネスがメインのため、日曜日は休業している店舗が多かったのではないかと思います。

図4 鍾路3街駅周辺・メカトロ部品もあるのが特徴

② 台北　八徳路（バードールー）

八徳路は台北を代表する電気街エリアです（**図5**）。このエリアは電脳街と電子部品街の両方の顔を持っています。お店の形態も、路地沿いの小規模な店舗から、光華商場、三創生活という2大電脳街ビルまでさまざまです。特に三創生活は、スマートフォン関連製品に加え、アニメやゲームなども取り扱っており、今どきの秋葉原とちょっと似ている、珍しい電脳街ビルです。この2つのビルのそばには光華國際電子広場という、地下にある電子部品街もあります。比較的広いお店が多く、ICやLED、電子工作キットなど、手に入るパーツの種類も豊富です。また、台北では八徳路のほかにも、台北駅周辺の地下街に電子部品店がいくつかあります。

図5 八徳路・アニメやゲームの店舗から地下の電子部品店までバリエーション豊か

③ 香港　深水埗（シャムスイポー）

　深圳のお隣、香港にも電気街があります。九龍半島の北側、深水埗の地下鉄駅周辺の通りにはテープLEDや電気小物を販売する屋台、スマートフォンの中古販売店などが並んでいます（**図6**）。屋台の中には、暑い地域の電気街の定番商品である**中古のエアコン用リモコン**を販売している店もあります。さらに深水埗には「電脳商場」と名のつく、2フロア程度の電脳街ビルが複数存在します。全体としてスマートフォンやPCパーツのお店が多い電脳街タイプの電気街ですが、電子部品店もいくつかあります。また、香港のほかのエリアにもいくつか電脳街ビルが存在します。

図6　深水埗・道路沿いの店舗と屋台が混じる

④ バンコク　バンモー（Ban Mo）とフォーチュンタウン（Fortune Town）

　タイ・バンコクには秋葉原の老舗部品店のような雰囲気の、小さい電子部品店が連なるバンモーというエリアがあります。バンモープラザという電子部品街ビルを中心に、周囲にオーディオ系の部品やLEDなどを扱うお店が並んでいます。細かい部品を売る小さなお店が中心ではありますが、ArduinoやRaspberry Piを取り扱うお店もあります。しかし何よりも、路上の一角で故障した家電製品を分解してパーツを取り出している光景を見られる点がバンモーの特徴をよく表しています。分解が日常に溶け込んでいる、一風変わった電子部品街です（**図7**）。

　バンコクには電子部品街だけではなく、電脳街もあります。フォーチュンタウンはスーパーマーケットまで併設されているショッピングモール系の電脳街ビルです。スマートフォンにPC本体、アクセサリ、ソフトウェアと、電脳街の基本的な取扱い品目を押さえているだけでなく、カメラ関連製品や電子工作関連製品を扱う店舗までそろっているというカバー範囲の広さが魅力です。さらに、PC関連製品に留まらず、フィギュアなどのホビーグッズを扱う店舗も入居しているあたり、台北・三創生活と並び、秋葉原に似た雰囲気を感じます。

　バンコクにはここで紹介したバンモーとフォーチュンタウンのほかにも、電気製品を中心に扱う市場やスマートフォン向けアクセサリを扱う問屋ビルなど、電気街探検を楽しむことができるところが多数あります。

図7
バンモー・分解屋台とギラギラ光るLEDが魅力

⑤ ベトナム　ホーチミン市のニャットタオ（Nhật Tạo）通り周辺と ハノイの電気街

　ベトナム最大の都市・ホーチミン市中心部の西、ニャットタオ通りとグエンキム通りが交差するエリアに電子部品街が形成されています。ニャットタオ通りの電気街は通り沿いに建つテープLEDなどを販売する店舗群と、新旧2つのテナントビルで構成されています。古いほうのビルは秋葉原の東京ラジオデパートのような雰囲気で、電子部品をカウンターにびっしりと積み上げている小さい店舗が並んでいます（**図8**）。新しいほうのビルは普通のオフィスビルのようでしたが、1階部分には工具や防犯カメラ、電子機器を扱うお店がありました。新しいビルにある店舗ではArduinoやRaspberry Piも販売されていて、電気街としての取扱い品目は比較的幅広いほうに入ります。また、暑い地域の定番商品・中古のエアコン用リモコンを販売している店舗があることも見逃せないポイントです。

図8　ニャットタオ通り・秋葉原の東京ラジオデパートに似た電気街ビル

　また、ベトナムの首都・ハノイにも、ニャットタオ通り周辺に比べると小規模ですが、金物や電子部品を売る店が並ぶティンイェン（Thịnh Yên）通りそばの半路上市場や、PC関連製品を扱うお店が集中しているハノイ工科大学そばのレータンギー（Lê Thanh Nghị）通りなどの電気街があります。

⑥ クアラルンプール　ジャラン・パサール（Jalan Pasar）と プラザロウヤット（Plaza Low Yat）

　マレーシアの首都・クアラルンプールにはジャラン・パサールという電気街一帯があります。通りの両側に家電・オーディオ機器販売店、電子部品店、工具販売店など、さまざまな電気製品に関連した店舗が並んでいます。ほかの東南アジアの電子部品街に比べると一つひとつの店舗が広く、電子部品店も客が手に取って部品を確認できるコーナーと、細かい電子部品を買うためのカウンターが併設されていたりします（**図9**）。PCやスマートフォンなどの電脳系の製品は取扱いが少なく、電子部品街寄りではありますが、カバー範囲の広い電気街です。

　一方、電脳街としてはクアラルンプール中心部、ブキッ・ビンタンにあるプラザロウヤットが代表的な存在です。ショッピングセンターふうの明るい電脳街ビルです。低層階は雑貨やスマートフォン本体を扱う店舗が集中し、上層階に行くにつれて、スマートフォン修理店、PC販売店などの比率が上がっていきます。なんといっても繁華街のど真ん中にあるため、ふらっと立ち寄りやすいのが特徴です。また、プラザロウヤットの隣にはインビプラザ（Imbi Plaza）という、より古い電脳街ビルがあります。シャッターが下りている店舗もかなり多いですが、ディープな電脳街の雰囲気を味わいたかったり、中古ノートPCやPCパーツなどを探したりしたい方には一見の価値ありです。

図9
ジャラン・パサール・広めの電子部品店が連なる

❼ シンガポール　シムリムタワー（Sim Lim Tower）と シムリムスクエア（Sim Lim Square）

　マレー半島の南端、シンガポールにもシムリムタワーとシムリムスクエアという2つの電気街ビルがあります。それぞれ、シムリムタワーは電子部品街ビル、シムリムスクエアは電脳街ビルと、取扱い品目が異なっています（**図10**）。

　シムリムタワーは地下1階、地上3階の計4階分が電子部品街となっています。タミヤのギヤボックスからマイコンボード、オーディオ製品など、個人向けの電子部品販売店が立ち並び、取扱い品目も多彩ですが、電子部品を扱う商社のオフィス兼倉庫といった感じの区画もあり、業者向けの電気街としての色合いも強く、日曜日は営業していない店舗が多いのがシムリムタワーの特徴の一つです。ちなみに、ここでも中古のエアコン用リモコンが売られています。

　交差点をはさんでシムリムタワーの向かい側にあるのがシムリムスクエアです。地上6階分が電気街となっています。1フロア当たりの広さもシムリムタワーより広く、店舗数も多いです。2階より上は中央の吹抜けを取り囲むように通路があり、そのまわりに店舗が並んでいます。プラザロウヤットと同じく、ここも低層階はスマートフォン本体やアクセサリ、ガジェットが中心で、上層階になるにつれPC本体やPCパーツを扱う店舗が増えていきます。歴代の機種をコレクションとして並べているMac専門店など、PC関連のマニアックなお店が多い点が見どころです。

図10　シムリムタワー(左)とシムリムスクエア(右)・雰囲気がまったく異なる

❽ デリー　ネループレイス（Nehru Place）

図11　ネループレイス・独特の熱気があふれている

　インドの首都・デリーにはネループレイスという電脳街があります（**図11**）。広場に建つ2つの細長いテナントビルの中に、びっしりと店舗が入居しています。ビルのテナントのうち、広場に面している店舗は比較的広く、スマートフォンやPCのショールームとなっていますが、ビルの内部に入っていくと、

秋葉原のガード下にある電子部品店レベルの狭さのPC周辺機器販売店が並んでいます。そんな小さな店舗の前の通路も場所によっては人でごった返していて、かなりの活気を感じることができます。ネループレイスの特徴としては、電脳街の中でもプリンターとその関連製品の比率が高いことと、屋外にノートPCにフィルムを貼ってデコレーションをしてくれる屋台が出ている点が挙げられます。ノートPCのデコレーション屋台はほかの電気街では見たことがなく、インドのPCユーザー向けの独特なビジネスなのでしょう。

❾ モスクワ　ミーチンスキー・ラジオリノク（Митинский ра диорынок／Mitinsky radiorynok）と チップ・イ・ディップ（ЧИП и ДИП／Chip'n'Dip）

　ここまで紹介してきた電気街はいずれもアジアの電気街でしたが、最後にヨーロッパ・ロシアのモスクワ周辺の電気街事情を紹介します。

　モスクワの電気街というとガルブーシュカというショッピングセンターが有名ですが、2018年に訪問した際にはPCやスマートフォン、無線機などを販売する店舗はたしかにあるものの、食器、釣り具など、電気とはかけ離れたものを扱う店舗も多い様子でした。一方、僕のイチオシであるミーチンスキー・ラジオリノクはバリバリ現役の電気街ビルです（**図12**）。

図12　ミーチンスキー・ラジオリノク・骨董品からPCパーツまでそろう総合電気街

　ミーチンスキー・ラジオリノクはモスクワ中心部から車で30分ちょっと行ったところにあります。「ラジオリノク」はそのものズバリ「ラジオ市場」という意味です。ラジオ市場の名前からすると電子部品街という印象を受けますが、スマートフォン、ガジェット類、金物からPCパーツ、電子部品までそろっている総合電気街ビルです。さらに、旧ソ連時代の骨董品・ジャンク品などを販売する店舗も2階を中心に入居していて、日本ではなかなか入手できないお宝にめぐり会うことができる点も大きな魅力です。

　電気街と違って店舗の集合体ではありませんが、ミーチンスキー・ラジオリノクのほかにも、モスクワ中心部にはチップ・イ・ディップという電子部品小売店があります（**図13**）。ロシアとベラルーシに展開しているチェーン店で、コンビニより少し広い程度の店舗に、工具やオリジナルブランドを含む電子工作キット、細かい電子部品までひととおり取りそろえているお店です。モスクワ中心部にも数店舗あります。購入システムに細かな違いはありますが、品ぞろえ、店内の雰囲気は日本の電子部品販売チェーンであるマルツにかなり似ており、マルツに行ったことがある方はきっと親近感を覚えるはずです。

図13　「ロシアのマルツ」ことチップ・イ・ディップ

変わっていく電気街

図14 シャッター通りとなってしまったパンティップ・プラザの区画

　世界のさまざまな電気街を紹介してきましたが、近年は、インターネット通販の普及や新型コロナウイルスの影響などにより、店頭でPCや電子部品を販売する電気街にとっては厳しさが増してきています。実際に、深圳では一時期、電子部品街ビルが丸ごと化粧品系の市場に転換する現象が見られました。東南アジアでは、フォーチュンタウン以前のタイ・バンコクの代表的な電脳街だったパンティップ・プラザ（Pantip Plaza）が、テコ入れのための改装工事など、試行錯誤のすえ、電脳製品だけでなく、輸入商品全般を扱う業態に転換してしまいました（**図14**）。さまざまなトレンドにより変化していく電気街を定期的に観察し、変化の原因について考えてみるというのも、一つの楽しみ方かもしれません。

第6章
分解は文化だ！

シェアとコミュニティで仲間を増やせ

眺めるだけでも楽しい みんなの分解情報源

日本語で見られるもの

⚡ コミュニティ、ウェブサイト

❶ 分解のススメコミュニティ／イベント録画

　「分解のススメ」は、分解事例を共有するために始めたコミュニティで、定期的にオンラインイベントを開催しています。分解していて「面白い！」と思った事例や気づきを発表するイベントで、過去回の録画も見られるようにまとめてあります（高須の個人YouTubeチャンネルにもアップロードしています）。

　同名のFacebookグループでは、各メンバーが書いたブログや分解記事をシェアしています。分解に関心のある方なら誰でも歓迎ですので、ぜひ参加してください。

　【分解のススメ・イベント動画アーカイブ】https://medium.com/bunkai
　【分解のススメ・Facebookグループ】
　　https://www.facebook.com/groups/bunkainosusume
　【TAKASU高須正和 - YouTube】https://www.youtube.com/c/TAKASUvideo

❷ iFixit

　おそらく世界で一番有名な、分解を扱うウェブサイト。「修理できないなら、所有していることになりません」というリペアマニフェストのもと、PCやスマホなどさまざまな製品を分解して、修理のしやすさを基準に評価しています。評価の基準は、例えば「普通のネジ留めなら分解も復元もしやすいが、専用の特殊なネジだと「分解するな」というメッセージになるので減点」「接着剤など、分解を想定していない方法で固定されているのでさらに減点」といったような感じ。もともと海外のサイトで、今も英語版の記事のほうが多いけれど、日本語の記事も徐々に増えてきています。

　修理マニュアルという体裁なので、分解に使う工具の説明がとても丁寧。ほかのガジェットを分解するときも工具を選定する参考にしています。
　【iFixit】https://jp.ifixit.com/
　【iFixit - YouTube】https://www.youtube.com/c/iFixitYourself

❸ テカナリエレポート

　株式会社テカナリエは電気製品の市場調査などを行っている会社で、代表の清水洋治さんは、年間300個以上の製品を分解し、1000個のチップを分解している世界でもトップクラスの分解分析の専門家です。毎週2本発行されている「テカナリエレポート」は個人購読することもできます（有償）。また、清水さんは「EE times Japan」で分解の解説記事を連載しています（こちらは無料で読めます）。

【テカナリエレポート個人購読】
https://medium.com/bunkai/techanalye-983589cb499d
【清水洋治（テカナリエ）執筆記事一覧-ITmedia / EE times Japan】
https://www.itmedia.co.jp/author/210588/
【株式会社テカナリエ - YouTube】
https://www.youtube.com/channel/UCTECpiYxLVoAPby-0hJiyzQ

⚡ 個人ブログ・動画

❹ 100均分解

　山崎さんの100均ガジェット分解は、「100均分解」という言葉がちょっとしたバズワードになるくらい、キャッチーで親しみやすいです。雑誌（月刊『I/O』、工学社）の連載も続いているし、山崎さんのブログ（note)も定期的に更新されています。

　100均分解記事には必ず回路図をつけているというのがポイントです。分解でよく見かける電子部品の刻印（マーキング）と型番の紐づけなど、回路を調べるのに役立つ情報も掲載しています。

【100円ショップのガジェットを分解してみる-note】
https://note.com/tomorrow56/m/ma0073059b5ac

❺ まず分解。

　まずドメイン名が良い。たくさんのガジェットをとにかくひたすら分解していて、写真が丁寧に撮影されているのも参考になります！

【まず分解。】https://mazu-bunkai.com/bunkai-wp/

❻ おもちゃドクター 3343

　おもちゃドクターとして活動する中で出会ったおもちゃの修理例が丁寧に書かれたブログ。たくさんのおもちゃが分解されていて、写真つきで仕組みもわかりやすいし楽しい！

　特に、このモータ修理の記事が秀逸！
【おもちゃドクター 3343】https://plaza.rakuten.co.jp/fjikisomotya2017/
【◆ふじ山子どもおもちゃ病院-おもちゃドクター 3343】
https://plaza.rakuten.co.jp/fjikisomotya2017/diary/201803180000/

⑦ イチケン /ICHIKEN さん

　大人気の分解動画。モータや電圧など、電子よりは電気系の分解事例が多いです。ホワイトボードで数式や図も使って説明してくれるので、理論もわかりやすい！

【イチケン/ICHIKEN - YouTube】 https://www.youtube.com/c/ICHIKEN-video

⑧ 熊五郎お兄さん

　ジャンク品のゲーム機やノートPCなどを分解して、修理したり、ときには改造したりして、ガジェットを生き返らせる動画をアップロードしています。分解YouTuberのコミュニティグループ「ストリートジャンカー協会」の主要メンバーです。

【熊五郎お兄さんのDIY - YouTube】
　https://www.youtube.com/channel/UCsOQ8NbS2hCLNb2j6YYJRwA
【ストリートジャンカー協会公式ホームページ】 https://streetjunker.com

日本語以外の言語によるもの（英語、中国語など）

⚡ コミュニティ、ウェブサイト

⑨ 充电头网

　USB充電器を中心に、とても詳細な分解・解析をしている中国のサイト。分解事例のほとんどは「ビリビリ動画（bilibili、中国の動画共有サイト）」に動画で公開されているのもありがたい！　修理から始まったiFixitと違い、多くの充電器メーカーがスポンサーになっているこのサイトは、リバースエンジニアリングに対する中国の姿勢を示しているといえるかもしれませんね。

【充电头网（充電頭）】 https://www.chongdiantou.com/

⑩ データシート共有サイト

　チップのピン配列や定格出力など、設計するうえで必要な情報が書かれた「データシート」は、分解においても重要です。基本的には部品の製造業者にコンタクトしないと手に入らないものですが、共有サイトで探せば見つかることも多いです。

【ALLDATASHEET.COM】 https://www.alldatasheet.com/
【Datasheets.com】 https://www.datasheets.com/

⑪ 道客巴巴（DOC88）

　中国のドキュメント共有サイト。一般公開されていないデータシートやマニュアルなどが見つかることがあります。WeChatで登録することでダウンロードが可能です。

【道客巴巴】 https://www.doc88.com/

⑫ 数码之家（MyDigit.cn）

　中国の技術系コミュニティ。PCの修理、ゲームのコピーガード外し、工業用PLCの改造、はては飛行機のレコーダー修理まで、ハードウェア情報ならあらゆることが載っていて、写真が高解像度なところも良い！

　無料だが会員登録が必要で、会員登録時は中国語で技術的な質問に答える必要があります。4択の質問が10個で固定なので、粘ればいける!?

【数码之家】https://www.mydigit.cn/

個人ブログ・動画

⑬ 微机分 WekiHome

　中国の分解動画アカウント。中国製スマホやiPadから電気自動車のテスラまで、さまざまなガジェットの分解動画を公開しています。メーカーと連携して、発売前のスマホを分解するなど、中国では分解がプロモーションとして使われているのが面白い！

【微机分WekiHome － ビリビリ動画】https://space.bilibili.com/347441270

【微机分WekiHome － YouTube】
https://www.youtube.com/channel/UCTJJX_LQcDED7MZbt9OSeQQ

⑭ bunnie's blog

　本書で何度も登場する「分解の達人」バニー・ファンのブログ。分解の権利や考察についての興味深い記事が載っています。分解カルチャーを広めるため、分解された写真をアップして「これは何の製品？」と当てさせるクイズをもう何年も続けています。

【bunnie；studios（bunnie's blog）】https://www.bunniestudios.com/

⑮ Zeptobars

　Weekend die-shotとして、週1くらいでチップ写真を載せているサイトです（古めのICが多い）。

【Zeptobars】https://zeptobars.com/en/

⑯ チップ写真のアーカイブ

　古いチップ写真が掲載されています。更新頻度は低めかも。

【IC Die Photography】http://diephotos.blogspot.com/

シェアでもっと楽しい 分解を発信しよう

02

分解をしたら、記録もしましょう！「なるほど、こういう仕組みなのか！」と分解した中身を見て考えるだけでも十分楽しいのですが、写真や文章など、さまざまな方法で記録しておくと、楽しみ方がさらに広がります。また、記録したものをSNSやブログなどにシェアすることで、新たな発見が得られることもあります。ここではガジェットを分解するときに記録・シェアするコツや、シェアすることで何を得たのかということについて紹介します。

分解記録のコツ

「分解の記録」といっても特に決まったルールがあるわけではありませんが、いくつか押さえておくと良いポイントがあります。

❶ 分解の途中経過も記録する

ひととおり分解し終わった状態だけを撮影するのではなく、分解の途中の各手順も撮影・記録しましょう。ガジェットを構成しているそれぞれの部品自体はもちろん、「このパーツは簡単に取り外しできた」「このパーツに隠れているネジを見つけるのが大変だった」というように、分解の過程で感じたこと、発見したことの裏にも、工場での組み立てやすさやデザインへの配慮といった、製品の設計者の意図が隠れていることがあります。また、分解したものを組み立て直す必要があるときに手順を間違わないようにするためにも、分解の途中経過は記録しておくと良いでしょう。

❷ いろいろな角度から撮る

カメラの性能はスマートフォンのカメラ機能程度で十分ですが、分解したパーツを撮影するときは、真正面からだけでなくさまざまな向きから撮影したり、光の当て方を変えたりと、撮り方を工夫しましょう。ICなどのパーツ表面の刻印は光の加減によっては見えにくくなるため、刻印がはっきりと映る位置を探して撮影するのがポイントです。

❸ よくわからないものも記録しておく

ガジェットを分解して、中に入っているすべてのパーツの機能や仕様がひと目見ただけでわかる、という人は、分解に長く親しんできている人でもなかなかいないでしょう。その場で調べた限りでは正体がわからないパーツも多数あります。しかし、そんなパーツでもとにかく写真を撮って、気になるとこ

ろをメモしておくことが大事です。後で紹介するように、記録してその情報をシェアすることによって、思いがけずそのパーツの正体が判明することもあります。

④ 全体写真と拡大写真を撮っておく

分解したパーツは、筐体を開けたときの全体写真やパーツ全体の集合写真と、個別のパーツの拡大写真をそれぞれ撮っておきましょう。全体写真はパーツ同士の位置関係やパーツのサイズなどを振り返るうえで役に立ちます。個別の拡大写真は、拡大して初めて気がつくような、細かい刻印などを逃さず記録するために必要です。

⑤ 型番などの情報は文字に起こしておく

IC上の刻印など、文字に起こすことができる型番情報は、写真を載せるだけでなく文字としても残しておくと良いでしょう。型番情報の多くは英数字と記号だけで構成されているため、言語の違いなく、世界中から検索されます。分解記録自体は日本語で書いていたとしても、ICの型番で検索したときに分解記録がヒットすれば、世界中の人に情報をシェアできるチャンスが広がります。

⚡ 分解記録は後で役に立つ

実際に「よくわからないものも記録しておく」を実践したことで、後々になって役立った経験を紹介します。

図1（左）は第3章で分解した激安アクションカメラのメインの制御用ICです。表面の刻印は「16130 E15CB14-65070」という文字情報のみです。この刻印を頼りにICのメーカーを探そうとしましたが、さすがにヒントが少な過ぎたため、メーカーを特定することはできませんでした。

それからしばらくして、別のアクションカメラを分解していたところ、ピン数や周辺の回路構成、刻印がよく似たICを発見しました。さらに、こちらのICにはメーカーのロゴらしきものがありました。これは大きなヒントになると考え、中国半導体産業協会のウェブサイトにある加盟企業一覧をしらみつぶしに調べました。そうしてAppoTechという会社に行き当たり、ロゴとIC上の刻印が一致することが判明しました。この会社のウェブサイトを見ると、アクションカメラ用のICやBluetoothオーディオ用のICを製造しているようで、正解といっても良さそうです。このように、最初はわからなかったものでも、分解を続けていく過程で追加のヒントを得て謎が解けることもあります。

図1 異なるアクションカメラから、似たようなICチップを発見した

記録のシェアで広がる分解の輪

　分解内容や気づきを記録したら、今度はそれをシェアしてみましょう。分解記録をシェアすることで得られるものはさまざまですが、今回は思わぬ形で新たな知見が得られた経験を紹介します。

　前述の「アクションカメラの制御ICのメーカーがAppoTech社と判明した」という内容をレポートにしてウェブサイトにアップロードしたところ、突然ベルギー在住の方からTwitter経由で連絡がありました（**図2**）。「分解した激安アクションカメラの詳細を教えてほしい」とのことで、詳しく話を聞いてみると、その方はアクションカメラではなく、LCD（液晶パネル）つきのデジタル顕微鏡を分解し、中のチップのファームウェアを解析しているとのことでした。分解の結果、その方が分解したデジタル顕微鏡も同じAppoTechの制御ICを使っていることが判明したため、同じメーカーのICを使った製品を分解している僕のウェブサイトを見つけて、情報を共有してくれたのでした。

　連絡をくださった方が買われたデジタル顕微鏡は、撮影モードなどを示すアイコンが画面に多数表示されていて、邪魔に感じていたとのことでした。そこで、分解してファームウェアを解析し、アイコンを消すことにチャレンジしたそうです。

　後からよく考えてみると、アクションカメラもデジタル顕微鏡も「カメラ＋表示用のLCD」の組合せでできている製品なので、同じ制御ICが使われていることも納得できますが、それまではそのような使われ方に思い至りませんでした。また、ファームウェアの解析結果から、一部の製品では「MENU」の表記が「MEMU」になってしまっていることも教えてもらいました。

　このように、分解の記録やシェアを通じて、取りつく島もないように見えた謎が解けたり、自分とは違った切り口から分解に挑戦している海外の方から思いがけない新たな情報を得ることができたりして、楽しい経験ができます。ぜひ分解をしたら記録とシェアをして、分解の輪を広げていきましょう！

Thanks. I own a cheap LCD "microscope" and it uses the same Appotech SoC (your AX326X guess is probably correct). I hacked the firmware so that it would display less icons on top of the live video image. It was a lot of fun.

2018年5月28日 午後10:02

図2　デジタル顕微鏡を分解した方からメッセージが届いた

新たな楽しさ広がる 仲間を探してみよう

03

自分が分解して「楽しい」と思ったことをほかの人と共有したいと思ったとき、インターネットを使うのはもちろん一つの手だけれど、そのほかにはどんな方法があるのだろう？
ここではファブスペースや大きな展示会、イベントなど、分解やモノづくりを楽しむ人たちに直接会える方法をチェックしてみよう。

分解を楽しむ人たちはこんなところにいる

　近年、ガジェット分解の趣味人口はどんどん増えてきています。テクノロジー系のウェブメディアにはレビューなどに交じって分解記事が載っているし、YouTubeでもたくさんの分解事例が見つかります。分解がコンテンツの一つとして受け入れられて、自分でやってみたくなる人も増えているのではないでしょうか。

　実際に対面して一緒に分解したり、分解の話をして面白がってもらえる相手が見つかったりすると、分解はもっと楽しくなります。一緒に分解を楽しめる相手を見つけるには、まず**メイカースペース**（ハッカースペース、FabLabなどとも呼ばれる）に行ってみるのがおすすめです。

　メイカースペースとは、モノづくりをする個人が集まる物理的な場所です。自治体や企業がお金を出して運営しているところや、ふだんはカフェや塾として運営しているようなところ、まったくの個人運営の場合もあります（**図1 ～図3**）。いずれにせよ、ハードウェアに興味があるニューカマーをいつも募集しているという点では同じです。

　スペースごとに運営時間やメンバー形態は違いますが、多くのスペースでは定期的にオープンな説明会や見学会をしているので、そうしたイベントに参加すれば、活動に入っていきやすいと思います。fabcrossの調査では、2021年現在で日本全国に132か所の施設があるそうです[1]。

図1 電子部品屋がスポンサーになっているメイカースペース「Home of Makers」（タイ・バンコク）

---

[1] https://fabcross.jp/topics/research/20211228_fabspace.html

「CoderDojo」という非営利のコミュニティも全国に広がっています。子ども向けのプログラミングクラブとしてアイルランドで始まったもので、公式サイト（https://coderdojo.jp/, 2022年12月閲覧）によると、日本には218のDojoがあります。決まったカリキュラムがあるのではなく、定期的に集まって好きなものを作るために集まって手を動かす活動で、活動範囲の一つに電子工作もあり、ハードウェアの分解を一緒に楽しめるDojoも多いです（すべてのDojoで行われているわけではないので、近くのDojoの情報を確認してみることをおすすめします）。公式サイトで最寄りのDojoが検索できます。

図2 メンバーの会費で運営されている「LABITAT」（デンマーク・コペンハーゲン）

図3 運営費の一部は台湾政府から補助されており、工作機械が豊富にそろう「FabLab Taipei」（台湾・台北）

伝えることで広がる分解の楽しみ

　初めのうちは、見たものと同じように手を動かすだけでも十分楽しいのですが、何回か分解をしてみて慣れてくると、同じものを分解したとしても人によって見ている内容が違っていることに気づきます。そして、気づいてしまったら、違いを「知りたい」と思うことでしょう。

　幸い、Twitterで「#分解のススメ」で検索すると、分解事例や記事、イベントなどをシェアしている人たちがたくさんいます。また、各地で行われているモノづくりのイベントに赴いてみるのも良いでしょう。前述のメイカースペースやCoderDojoで出会った人たちに聞いてみるのも一手です。

　代表的なモノづくりのイベントには、以下のものがあります。

・NT［地名］

　NTは「ニコニコ技術部（Nico-TECH）」の略として知られており（厳密にはイベントが最初に開催された地名に由来し、「Nico-Tech」と「Takatsuki」の頭文字を取ったもの）、動画共有サイト「ニコニコ動画」のテクノロジー関連動画から始まったものです。近年では「なんかつくってみた」の略として、ニコニコ動画の枠を超えて、初心者を含むさまざまな方々の気軽な参加を促すものとなっています。京都、金沢、富山など日本各地でイベントを開催しており、Maker Faire内でNT関係者がブースを出展しているのもよく見かけます。

・Maker Faire［地名］

　世界的なモノづくりのイベント。日本ではテクノロジー系DIY工作専門雑誌『Makeマガジン』の発

行元であるオライリー・ジャパンによって開催されている。出展者がそれぞれ自作のプロジェクトを持ち寄って発表し、作品そのものや技術、仕組みなどについて、メイカーどうしが話し合える場となっています。日本でも東京、京都、大垣、仙台など、さまざまな都市で開催されており、多くの人で賑わっています。

　僕たちは楽しむために分解しています。分解の過程や結果をほかの人に見てもらって、感想やコメントなどの反応が返ってくると、その楽しさは大きくなります。気取った言い方だと「シェア」といいますが、要は自分以外の人と見せ合うことで、分解の楽しさは何倍にも広がります。

　他人に見せたりイベントに出展したりしてみると、同じものを分解している人が見つかるし、自分ではまったく気にしていなかったような視点からコメントをもらえることがあります。また、自分が分解した経験を他人と共有しようと説明したり発表資料を作ったりするたびに、新しい発見に気づくこともできます。

図4　分解事例共有のために始めたイベント「分解のススメ」。Facebookグループもあり、参加・分解事例のシェア大歓迎!

付録　分解談義

分解のはやりってなんだ?

「分解」自体のはやり

分解YouTuberが人気なのは嬉しいよね。同じ分野やテーマについて考えてる人があちこちにいるっていうのは、ありがたいところもある。

分解YouTuberはいいですよね。分解はでき上がったものではなくて過程を楽しむカルチャーなのと、市販の商品を分解するわけだからデリケートな部分もあるし、元ネタに対するリスペクトがないと急に怒られるとか、分解・改造方法や情報を確立しておおっぴらにシェアするというものでもなかったじゃないですか。
でも、YouTubeで分解の過程を公開すると、まったく知らない人でも取っつきやすいし、「分解のススメ」活動でもイベントがあると、分解の方法とか豆知識とかTwitterのハッシュタグで流れてくるので、自然にそういう情報が入ってくるようになってありがたいと思いますね。

たしかに、Twitterのハッシュタグを見ると、(発表内容に反応して)イベントを見てる人から「私はこうしてる」みたいな話って結構ありますよね。

自分で分解したものを、タグつけて投稿してくれる方もいますね。タグを追ってみれば、いろいろと情報が集まって来る。

ITmediaの「エンジニアライフ」というコラムサイトで、100均分解をメインとしたコラムを始めてみたんです。サイトのユーザー層やほかの連載陣は、主にITエンジニアの方々です。でも、予想以上にめちゃくちゃアクセスがあって。「分解のススメ」の活動とは違う層にリーチできてるので、IT関係の方々からもいい反応をもらえるってのは、意外でしたね。

100均分解は、もはや1つのカテゴリーといってもいいほどの位置づけになってますね。

なんでしょうね。これまで中国製ガジェットとかを分解してもみんな興味を持たなかったのが、最近興味を持たれるようになってきた気がします。

分解ブーム、山崎さんの本(右図)もかなり大きい役割を果たしていると思ってます。

雑誌『I/O』の連載をまとめた本ですが、こんなに幅広い方々に読んでいただけるとは予想しておらず、びっくりしましたね。面白いけど、マイナーだし、ニッチな分野だと思っていたので。

● ThousanDIY『「100円ショップ」のガジェットを分解してみる!』
工学社、2020年2月

私はもともと山崎さんのことを知ってたというのもあるけど、知らなくても、この本は絶対買ったと思います。100円ショップはやっぱりすごく身近で、難しめの内容でも100均ガジェットが取り上げられてるんだったら読めちゃうし。身のまわりにあるものが分解されて、どういうテクノロジーでできてるかというのが明かされる。自分が直接分解したわけじゃなくても、100均ガジェットを分解したときの驚きがわかるように書いてあるというのはすごい。

そのあたりを伝えたくて、毎回泣きながら回路図を書いてるんですが、ウケは今ひとつですね。個人的には回路図がないとわからないって思ってて、そもそも載せようと思ったのは、「がんばれば日本でも同じもの作れるよ」という気持ちが、最初のころはちょっとあったんですけど。

「○○してみた」としての分解

本とかがあると「こういうジャンルがあるんだ」とわかって、さらに「分解のススメ」とかイベントがあると、情報が拾いやすくなる。それまでも、SNSや分解系のブログ、記事とかはもちろんあったけど、情報が拾いやすくなったのは、山崎さんの本が出たり「分解のススメ」イベントが始まったりしたころからかなと思います。自分の見えている範囲の話なので、観測範囲が違うとまた違うふうに見えるかもしれませんが。

そういうきっかけ的な部分もあるけど、マーケット自体が大きくなってる気がする。分解YouTuberとか、メディアで分解関連の連載記事が増えてるとか。

イベントを重ねてきて、分解が広まってる部分もあるんですけど、それよりも、もともと隠れてた人たちがイベントに集まってきたっていうのが大きいと思うんです。

見える化された感じですかね。

情報が集まって見える化されると、なんとなく興味があるくらいの人も始めやすくなりますしね。
例えば、分解YouTuberのイチケンさんの動画を見て「自分もやってみたい」と思って調べてるうちにギャル電にたどり着いたという人もいたりして、いわゆるメイカー界隈とは違うところにも、電子工作の界隈がありそうな感じがします。

なるほど、昔ながらの電気電子工学科とかもありそうですね。

それありそう。電気系の学校行ってて「家電くらいは修理できるけど、Maker Faireは別に興味ないし追ってない」みたいな人って結構いるじゃないですか。あと、車の電飾や車載機器をいじる人とかは、メイカー界隈と似たようなことをやってるけど、住み処がめっちゃ遠いみたいな(笑)

みんカラ1に住み着いてるタイプの……

私、みんカラとMaker Faireの間くらい(笑) みんカラって電子工作的には治安が悪くて、やっちゃいけないとされてることをすごいやって、車が燃えることもままあるよね、みたいなイメージなんです。Maker Faireは「ちゃんとした」電子工作というか、『トラ技2』読んでますっていう人が多いのかな?
意識してなかったけど、実はいろんな電子工作村があって、ほかの村からも流入しやすいのが「分解」だと思ってて。私が100円ショップのおもちゃを分解してSNSに載せると、メイカー界隈じゃなさそうな人からフォローされることが増えたんですよ。明らかに車をいじってそうな人とか、電気工事士の資格情報をめっちゃフォローしてる人とか。

作るより、分解するほうが壁を超えやすいんでしょう。

そうですね。イチから物を作るよりは、みんなが知ってるものの中身を見せるほうが、電子工作をしない人でも興味を持ちやすいというのはある。あと、作るのは題材から考えて材料そろえてって大変だけど、分解は比較的かかるコストが小さいですね。

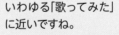

いわゆる「歌ってみた」に近いですね。

なるほど(笑) 誰も知らないオリジナルソングは聞いてくれないけど、有名な曲なら聞いてくれる可能性が上がる。

---

1 自動車専門のSNSサイト「みんなのカーライフ」の略。
2 CQ出版社から発行されている電子工学の専門誌『トランジスタ技術』。

商品レビューの手段としての分解

iFixitも、もともと修理のサイトなのに、最近は分解の記事が増えてますよね。まあ、値段は100円ショップとは全然違いますけど（笑）

手段が目的になったというか。中身を知りたいってのが目的だったのに、いつの間にか分解自体が目的になりつつありますね。

もちろん、回路図つきで技術的に正しい分解のほうがエンジニアリング的な価値は高いんだけど、それと同じくらい**「俺が知ってるもの」の中身が見られる**ことが大事で。

だって、「分解した結果、これが一番良さそうです」って言われたら、じゃあそれ買うわってなります（笑）
商品の値段って根拠がわからないことが多いじゃないですか。似たようなものでも値段がこんだけ違う。じゃあその理由は何か？ 中身の部品が違うのか、性能が違うのか、それともただ売り出す人がパッケージをそれっぽく装って売ってるからなのか、みたいなのが判別できないし。
そういう意味で分解ってすごい説得力あるじゃないですか。値段が2倍違うけど、「外装とか販売元が違うだけで中身はほぼ同じ」なのか、「安全対策とかその分のコストが載ってる」のか、根拠が見られるの。分解自体には興味なくても、めちゃめちゃ見たいってなりますもんね。

納得して使いたい、買いたい。

納得して選びたい。その基準の値段がわかりにくくなっちゃってる感があります。だからこそ、分解には興味なくても、中身は気になるという需要があるんじゃないかな。

昔は、大手電器メーカーの値づけが基準になってて、ちょっとマイナーなメーカーは安くしたり、ファンがいるような超大手は高くしたりしてましたね。最近は商品画像がどう見ても同じなのに価格が倍違うものもある（笑）

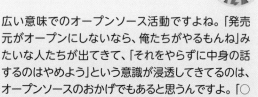
広い意味でのオープンソース活動ですよね。「発売元がオープンにしないなら、俺たちがやるもんね」みたいな人たちが出てきて、「それをやらずに中身の話するのはやめよう」という意識が浸透してきてるのは、オープンソースのおかげでもあると思うんですよ。「○○社はすごい」「××社はすごい」ってただ言うんじゃなくて、分解した結果、「やっぱり○○社はすごいや」であってくれないと（笑）

中身が根拠だよ、と。

逆もまた然りだと思いますね。海外ECサイトで売ってるめちゃくちゃ安い商品を分解してみて、「だから安いんだね」とわかったうえで使う分には全然それで良くて。納得して使ってるのか、よくわかんないけど安いから使ってるのかで違う。

私、山崎さんの100均分解を見て、100均ガジェットに対して逆にポジティブになりました。

怒られないように気をつけて書いてますからね(笑)

それもあるかもしれないけど、中身がわかったほうが、その良し悪しも含めてより好きになれるんで……。分解が今ウケてる理由もそうで、身近なところで材料が調達できるからってのは大きいと思うんです。例えば、電子工作なら秋葉原とか専門店に出かけたり調べたりするコストがかかるけど、分解は比較的少なくて、100円ショップで間に合うから。

分解の中でのはやり

100均分解もまさにそうだけど、特定の記事が発端で急にはやるとか、あとは特定のアイテムがはやることもありますね。マジョカアイリス、モバイルバッテリー、充電器、この3つははやってた。

モバイルバッテリーと充電器は機能がシンプル過ぎて、仕様を見ても何が違うかよくわからないんですよね。開けてみないと違いがわかりにくい。

マジョカアイリスに近いはやり方だと、「プリメイドAI³」というロボットがありましたね。僕は2台買いましたけど、本当は高価なものがすごく安い値段で手に入るときにうまくハックして使うという路線で分解がはやる、というのは一つのパターンなのかな。

たしかに、マジョカアイリスももともと1万円近いものが1000円以下になって、はやったんですもんね。

うん、高かったおもちゃがセールで安くなると、2～3台買って分解したり、改造したりする文化はありますね。そしてSNSでバズる。

---

3 2015年発売のダンスコミュニケーションロボット。定価は約15万円だが、一時期約2万円まで値下がりして話題になった。
4 スーパーなどで呼込みに用いられるメロディを搭載した機械を、ミニサイズでおもちゃ化した商品。
5 @puhitakuさんの行ったハックで、SHARP BRAINシリーズの電子辞書のSoCに着目し、電子辞書上でLinuxを動作させるというもの https://www.zopfco.de/entry/sharp_brain_linux

お得情報みたいな感じで「売り切れる前に買わなきゃ!」となるので、さらに加速して……。そういうSNSで見かけて買うものって、値段のギャップと、ちょっと変わった機能があって面白いとか、クセがあるとか、**別に分解や改造の役に立ちそうとか、いいハックが思いついたで買うわけではない。**

じゃないですね(笑) **買ってばらしてから考えます。**

そういう安売り系以外なら、「呼び込み君ミニ[4]」ってのがあって、改造がちょっとしたブームになりましたね。イベントで展示する人も多くて、実際にNT金沢でも「呼び込み君ミニ」を使った作品をよく見かけました。マジョカアイリスと違って、プロトコルを分析するようなフェーズはありませんが、「コンテンツ部分を変える改造」という意味では近いと思います。

マジョカアイリスは使える部品が多いのと、解析がめちゃくちゃ難しいんですよね。他の人がハックするための土台を作って、SNSにシェアしてくれた方々がいたので、敷居がものすごく下がった。

ハッキングの土台って意味では、分解ではないんだけど、電子辞書上でLinuxを動かすハック[5]もそうですよね。

マジョカアイリスと電子辞書は似てるのかも。エンジニアリングの、芸術点? 実用的な意味はあまりなくて、でもすごい。

分解する それぞれの理由

はやりもの以外だと、私は初心者だからというのもあるけど「分解しやすそう」で選ぶことが多いですね。「これの中身知りたい」というのはあまりない。メインの目的は部品を取り出して使うことで、作業する過程で付随的に「知る」がついてくることはあるけど。

僕はちょっと変わったものを見つけたら、とりあえず買って分解したいとなりますね。

圧倒的に「これの中身知りたい」派です(笑)

うん、「これをハッキングする喜び」ですよね。電子辞書の場合だと、Linuxをブートすること自体が目的になっていて、別に実用として使いたいってわけじゃない。難しいパズルを解けたときの喜びに通ずるものがあるように思います。自分がそれを支配する、全能の神になる感というか。なので、100均ガジェットの分解とは、ちょっとレイヤーが違うような気がします。

僕が最初に書いた分解記事が、深圳で買った50元(約760円)アクションカメラ(p.36)なんです。カメラってそんなに安いもんじゃないじゃないですか。「ほんとにもうどうなってるんだ?」って。改めて振り返ってみると、**自分の常識に反するものを分解して、自分の常識自体をアップデートしてる**んだろうなと思います。そこからさらに、高めのものと比べてみて、違いがわかって、「価格とものの出来」の関係性とかを肌感で知って。

なるほど、常識をアップデートしたいっていうのはすごいわかりますね。

僕も近いですね。「なんでこんな安い値段で100円ショップにあるんだ」という驚きがあって、そこから100均分解につながってるので、もしその前に华强北に行ってそういうガジェットに出会ってたら、たぶん100均ガジェットにこだわらなかったと思います。

日本だとたしかに、そういうものは100円ショップに多いですね。入替わりも激しくて、部品調達が難しいのかなと思ったり。

部品が入ってこないのもあるし、初めから数量を限定して仕入れてるっぽいものもあります。電子メモパッドとかもそうじゃないかな。話題になって売れたから、またかき集めてきて、1年くらい販売して、みたいな。最近の100均ガジェットの品ぞろえは、日本の华强北っぽい(笑)

同じ見た目の商品でも、時間が経って分解してみると中身が違うことも多いですもんね。LEDのおもちゃですら、「前に分解したときと全然つくり違うんだけど」ってなります。わかんないなりに、ストーリーがあって面白い。

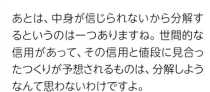
あとは、中身が信じられないから分解するというのは一つありますね。世間的な信用があって、その信用と値段に見合ったつくりが予想されるものは、分解しようなんて思わないわけですよ。

「誰が作ってもこの値段になっちゃうよね」ってものは、たぶんそれほど面白くないんだと思うんですよね。工夫のしどころももうなくて、煮詰まっちゃってるから。

なるべくギャップの大きそうなものを分解したいですよね(笑)

日本メーカーの皮をかぶって、部品は中国製とかね。逆に「ブランドだけなんじゃないの」と思って分解してみたら、中身の設計もすごいってこともある。

僕は毎回分解する理由は違うかな。でも最初はたぶん純粋に、ただチップを「見たい」っていう理由だと思います。キラキラしてるし。

まあ究極、やってみてつまんなかった分解って、あんま
ないですよね（笑）
そもそも「なんか面白そう」と思うから分解するっての
もあるし。私は部品目当てで分解することが多いけど、
部品が取れなかったとしても「中のつくりがこうで、だ
からこの部品はとれないんだ」みたいに理由がわかって、
それはそれで面白かったなと思える。

そうですね。設計者との対話というか、「こ
ういう意図なんだな」という部分が、多い
少ないはあれど何かしらあるとは思います。
同じものを何個も分解するのは、さすが
にしんどいときもありますけど（笑）

中に部品がなくて、コンク
リート詰まってたりしたら、
それはそれで「面白！」となり
ますもんね（笑）

カメラの穴が3つあるのに実際は1つしか
ないものとかありましたね。**ハズレを引く
と逆に「やった！」となります**。逆にダメな設
計を期待して買ったのに、意外とまともで
がっかりすることも……（笑）

カメラ、レンズっぽく見えるプラスチック
の部品が入ってましたね。偽iPhoneなん
かも、わざわざソフトウェアでノッチに見
えるようなものを作ってたり……。

いろいろな意味で、分解に
ハズレはないってことです
かね（笑）

分解にも電子工作にも役立つ！
中国語技術用語集

　部品などを購入したときに、中国語のデータシートや説明書がついていることがあります。漢字がびっしり並んでいて、最初は「うっ……」となるのですが、専門用語さえわかれば、なんとなくフィーリングで読めてしまいます。データシートなどでよく見かけるのは、「簡体字」と呼ばれる漢字を簡略化した文字で、中国大陸を中心に使われているものです。慣れないうちは違和感がありますが、元の字が想像できる場合もありますし、想像できなくても、対応関係さえわかればすらすら読めるようになります。日本語と同じ漢字の単語も多いです（発音は違うので会話では注意が必要ですが、読む分にはまったく苦になりません）。

　以下に、主なものを紹介します。意味から訳した言葉、外来語の発音を漢字で当てた言葉、日本語の感覚からするとギョッとするほど大げさに感じる言葉など、いろいろなものがあります。中国語のデータシートや文書を読めるようになると世界が広がりますし、純粋に「言葉」としても楽しめます。

中国語（簡体字）	ピンイン表記	意味	備考
半导体	bàndǎotǐ	半導体	
泵	bèng	ポンプ	
便携	biànxié	ポータブル	
步进	bùjìn	ステップ	
采集	cǎijí	collect	
测距	cèjù	測距	
插座	chāzuò	ソケット	
超声波	chāoshēngbō	超音波	
触摸屏	chùmōpíng	タッチパネル	
传感器	chuángǎnqì	センサ	
串口	chuànkǒu	シリアルポート	
创新	chuàngxīn	イノベーション	
搭建	dājiàn	セットアップ	
单片机	dānpiànjī	シングルチップ	
导轨	dǎoguǐ	ガイド	
电机	diànjī	モータ	
低功耗	dīegōnghào	低消費電力	
堆叠	duīdié	スタック	
舵机	duòjī	サーボ	
读写	dúxiě	読み取り	
发射	fāshè	送信	发＝発
方案	fāngàn	ソリューション	
放大器	fàngdàqì	増幅器、アンプ	
负荷	fùhè	負荷	
供电	gōngdiàn	給電	
功能	gōngnéng	機能	

中国語（簡体字）	ピンイン表記	意味	備考
公网	gōngwǎng	WAN	
光电开关	guāngdiànkāiguān	フォトインタラプタ	
关于	guānyú	〜について（の）、about	
哈希	hāxī	ハッシュ	当て字
红外	hóngwài	赤外	
环境	huánjìng	環境	环＝環
唤醒	huànxǐng	wakeup（ピン、信号）	
汇编	huìbiān	assemble（アセンブラ、アセンブリ言語）	
激光	jīguāng	レーザ	
继电器	jìdiànqì	リレー、継電器	
技术	jìshù	技術	
架构	jiàgòu	アーキテクチャ	
加速度	jiāsùdù	加速度	
接口	jiēkǒu	インタフェース	
接收	jiēshōu	受信	
紧凑	jǐncòu	コンパクト	
开	kāi	開、開ける、始動させる	
开发	kāifā	開発	开＝開、发＝発
开关量	kāiguānliàng	デジタル量	
看门狗计时器	kānméngǒujìshíqì	ウォッチドッグタイマ	
库	kù	ライブラリ	
扩展	kuòzhǎn	拡張	
喇叭	lǎba	ラッパ、スピーカ	
蓝牙	lányá	Bluetooth	蓝＝blue（藍）、牙＝tooth
类	lèi	レベル、類	
联系	liánxì	接続	联＝連
亮度	liàngdù	輝度、光度	
灵活	línghuó	フレキシブル	
麦克	màikè	マイク	当て字
模块	mókuài	モジュール	
模拟量	mónǐliàng	アナログ量	
闹钟	nàozhōng	アラーム	
内网	nèiwǎng	LAN	
内置	nèizhì	ビルトイン、内蔵	
屏幕	píngmù	ディスプレイ	
气压	qìyā	気圧	
嵌入	qiànrù	はめ込み、組込み	
驱动	qūdòng	駆動、ドライブ	
设备	shèbèi	装置、デバイス	
摄像头	shèxiàngtóu	カメラ	
视觉	shìjué	Vision	

中国語（簡体字）	ピンイン表記	意味	備考
手势	shǒushì	ジェスチャー	
输出	shūchū	出力	
输入	shūrù	入力	
数传	shùchuán	データ伝送	传＝伝
数据	shùjù	データ	
数位	shùwèi	bit	
拓展	tuòzhǎn	拡張	
态	tài	状態、モード、state	
调速	tiàosù	速度制御	
通用	tōngyòng	ユニバーサル、汎用	
图像	túxiàng	画像、映像	
图形	túxíng	グラフィック	
推杆	tuīgān	スライダー、押し棒	
微电子	wēidiànzǐ	マイクロエレクトロニクス	PCB〜集積回路あたりを指す
为	wèi	〜のために、for	为＝為
文档	wéndàng	ドキュメント	
无线	wúxiàn	無線	无＝無
系列	xìliè	シリーズ	
显示	xiǎnshì	表示	
现成	xiànchéng	既製、プリインストール	
芯片	xīnpiàn	チップ	
心跳	xīntiào	心拍	
选	xuǎn	select	选＝選
延伸	yánshēn	延長	
摇杆	yáogān	ジョイスティック	
溢出	yìchū	overflow	
用户	yònghù	ユーザー	
源代码	yuándàimǎ	ソースコード	
运放	yùnfàng	オペアンプ	「运算放大器」の略
运算	yùnsuàn	演算（operation）	
运行	yùnxíng	実行（プログラムの実行など）	
执行	zhíxíng	実行	
指纹	zhǐwén	指紋（指紋センサー、指紋認証）	
终端	zhōngduān	ターミナル、端子	
中断	zhōngduàn	割込み	
主控	zhǔkòng	主制御、メイン〜	
主频	zhǔpín	メイン（クロック）周波数	
字节	zìjié	バイト	节＝節
总线	zǒngxiàn	バス	

おわりに
── 技術と親しむと、未来は明るくなる

　戦後間もないころ、「Made in Japan」は「安かろう悪かろう」の代名詞だったそうです。それが高度成長期を経て「高品質」の代名詞になり、世界のさまざまな国で愛されています。それは先人のエンジニアの方々のたゆまない努力の賜物であり、心から敬意を表します。

　しかし最近は、「日本のモノづくり」というと、あまり明るい話は聞きません。なぜそうなってしまったか、これからどうすべきか、という点は、いろいろなところで議論されて取組みが行われています。

　個人的には、この大きな理由の一つ、そして、未来を占うポイントの一つは「ブラックボックス化」だと思います。技術が進歩することで高度になり、一人ですべてを理解することは、たしかに難しくなりました。コンピュータを学ぶにしても、部品の最小単位であるトランジスタの動作原理から、インターネットのプロトコルまで詳細にわたり理解するのには、いくら時間があっても足りません。そのため、ある程度の単位で「ブラックボックス化」して、中身までは見ずにブラックボックスどうしの関係で物事を理解する方策がとられてきました。例えば、プログラムを書くにしても、OSの仕組みや画面のドット一つひとつのことは意識せずにアプリケーション開発に専念できるわけです。

　その一方で「ブラックボックス化」は、中身を見ることをタブー視する傾向を生みます。電子機器が分解しにくい構造になっているのもその一例で、実際、危険な場合があるのも、この本で見てきたとおりです。

　人には好奇心があります。「中を見たい」という欲求は、古今東西、老若男女に共通する根源的なものです。しかし、上記のタブー視傾向は、「危ないから」といって中を見ることを制止しているわけです。それは「技術を理解すること」の「諦め」につながります。

　子どものころには、私たちの誰もが「知らないことを知る」「新しいものを作る」ことに夢中で興奮する日々を過ごしたことでしょう。Maker Faireなどを見ていると、特に若い方々の「技術を理解したい」という欲求の強さが全開で、技術を使いこなして、さまざまなものを作り出しています。それは「技術と親しむ」こと、かつ「技術を楽しむ」ことであり、私たちが子どものころに持っていたマインドそのものです。一世を風靡した携帯音楽プレイヤー「ウォークマン」も、楽しみでやっていた「机の下」の研究開発から生まれたそうです。そういう「ワクワク」は、すべてのことの原動力になります。

　この本を通して、「中身を知ること」、そして「そこから設計者との対話」の楽しさを「再発見」していただければと思います。

Happy Hacking！

2022年12月
秋田 純一

解説
分解から世界に目を開こう!

　解説、とは言ったものの、こんなわかりやすい本の何を解説するんだよ、という感じではある。本文は絵入りだけど、この解説は字ばっかだよ?

　が、字が好きな奇特な人々のために……。

　いやね、モノづくり、というとハードルが高いんだ。小学校時代、『子供の科学』などを見て電子工作にちょっと興味が出て父親のはんだごて (60Wの、こて先をやすりで削るやつだったんだよね……)で、なんかゲルマラジオとか作ってみたんだけど……、動かないんだよ。

　今ならわかる。とにかく当時はぼくにまったく技能がなかった。昔の「作品」を見ると、はんだづけはひどいしトランジスタの根本溶けてるし。もっと経験積めば済む話だけど、当時は練習する材料を手に入れるほどのお小遣いもなく、さらに失敗すると打ちのめされ感で、何がいけなかったのかもわからず不安ばかりで、小学生は泣きそうだ。そしてお小遣い的、技能的に作れそうなものというと、雨だれ音発生器とか、作ってどうすんだコレ、みたいなものばかり。やがて心折れて挫折して、それっきりだ。

　その点、分解はいいぞ!

　まず、できているものがベースだから、「これは何のためのもの?」という悩みはそもそもない。100均商品なら、昔のぼくのお小遣いでも買える。いや、買わなくてもいい。一回使ってそれっきり、なんていう100均グッズは家にいくらでも転がっているはず。「動かない……」とかいう挫折はない。そもそも壊すのが目的だもの。

　そして自分で作ろうとすると自分の技能が問われるけれど、他人のやっていることにケチをつけるのは、とっても簡単だし、上から目線になれて気分がいい。「なんだ、こんな貧相なはんだづけしてやがるぜ、ワッハッハ。オレがやり直してやろうか」「え、こんなチャチな中身なのか、醜いジャンパ線使わずプリント基板おこせよー wwww」「中身スカスカじゃーん、XX製はしょうもねーなー」などなど。そしてざっと見たら投げ捨てればいいだけ。安上がり。楽。無責任。「こんなのなら自分にもできるぜ!」という優越感。

　(とはいえ、最近の100均商品って、なんか信じられないほどレベル上がっているし、分解しても昔のように簡単に見下せないどころか、むしろ「これが100円とはもったいのうございます!」とひれ伏したくなることも多い。が、それはそれで勉強になりますです)。

　でも……それをちょっとやるうちに「こんなしょぼい中身なのか」が「こんなしょぼい中身でここまでのことができるのか」という驚きに変わる。ただの手抜きに思えたものが、どうも機能とコストのギリギリの妥協の産物なのがわかってきて……。

　はい、ここまでくれば、あなたはすでにこの本の磁場に取り込まれている。第1章にあるように、分解は設計者との対話だ。本書のノウハウを活用して、いろんなものを分解してみよう。本書を読んでも分解の道は奥深い。本書で説明されている高度な失敗以前に、ゴム足の裏に隠しネジがあるのに気がつかずにケースを思いっきりこじ開けて破壊したり、構造をよく確認せずにケーブルを引きちぎってしまったり。でもそんなレベルから、本書の著者たちのような分解名人への距離は、実はそんなに遠くなかったりする。

そして本書は、単なる電子工作／破壊ノウハウ集に留まらない。分解というと、内にこもった暗い孤独な世界に思える。そういう側面もあるのは否定できない。でもいまや、その状況は変わりつつある。まず、日本の中だけでも同じような関心を持った人はたくさんいる。そしてかつてはホビイスト向け雑誌など非常に限られた接点しか持てなかった人々が、いまや大きな開かれたコミュニティを作りつつある。本書の著者たちは、そうした連中のコミュニティの核だったりするのだ。その話が第6章になる。

さらに日本だけではない。もはや電気電子製品は世界共通だ。そして世界中どこにでも、きみたちやぼくとそっくりの、工作マニアやエレクトロニクスマニアのおたくたちがたくさんいる。第5章に紹介されている世界の電気街は、そんな連中の蠢くたまり場だ。

多くの国には、ショボくてもそういう地区がある……とはいえ、欧米にはほとんどないんだよね。なぜだろう。が、そうした場所の様子を見るだけでも、その地域の傾向は見えてくる。そういう地区は、経済発展の一つの指標でもあるからだ。

ほとんどの国では、工業発展の第一歩は繊維産業だ。軽い材料で、低技能の労働集約で成り立つからだ。でもそこから一歩出て、国民が少し豊かになるとスマホやゲーム機や電気製品を買えるようになる。するとそれを相手にまずは輸入電気製品販売、次に修理屋が集まる。繊維製品よりは付加価値が高く、少しは知識も必要だ。でも比較的軽くて小さいし、大したインフラはいらないから、足は速い。ちょっとしたビルが数か月でものすごい電子街集積になる。それに毛が生えれば電気電子の組立てと、簡単なプラスチックの射出成形の組立て——100円ショップの製品やおもちゃ、粗雑なスペアパーツくらいから、次第に独自の改造品が出てくるようになれば、次の産業への足がかりにもなって……。

分解を通じた目があれば、そうした製品のレベル感もわかる。そこをうろついている連中を見ると、なんとなくその分野を支える人材の様子もわかる。地域の電気街からその国や都市の産業状況まで見えてくる、かもしれない。日本、東南アジア、中国、どこもそういうプロセスを経てきた。今後、アフリカにそれができるはず。そしてその一方で本書にもある通り、まさに足が速いからこそそうした電子街はすぐに変わる。それはその経済の豊かさの反映だったり経済構造変化の反映だったり。何回か通ううちにその変化ぶりから、その地域や世界の産業トレンドもかいま見えてきたりする。

だからうまくいけば、目の前の100均LEDライトやファンの分解から、グローバルな地域発展や経済が見える目すら生まれてくる、かもしれない。本書はそんな世界への入口でもある。さあ、本書を片手に、100均に出かけてまずはぶっ壊そう。そしてそこから秋葉原に、ネットに、世界に出かけよう。そうこうするうちに、ぼくや著者たちともどこかで出くわすはず……あ、でもその前に、第4章はしっかり読んで安全対策だけはぬかりなくお願いしますよ！

山形浩生

索引

- 本書の内容に関する質問は、オーム社ホームページの「サポート」から、「お問合せ」の「書籍に関するお問合せ」をご参照いただくか、または書状にてオーム社編集局宛にお願いします。お受けできる質問は本書で紹介した内容に限らせていただきます。なお、電話での質問にはお答えできませんので、あらかじめご了承ください。
- 万一、落丁・乱丁の場合は、送料当社負担でお取替えいたします。当社販売課宛にお送りください。
- 本書の一部の複写複製を希望される場合は、本書扉裏を参照してください。

JCOPY ＜出版者著作権管理機構 委託出版物＞

感電上等！ ガジェット分解のススメ HYPER

2023 年 1 月 25 日　　　第 1 版第 1 刷発行

著　　者　ギャル電・山崎雅夫・秋田純一・鈴木涼太・高須正和
発 行 者　村 上 和 夫
発 行 所　株式会社 オーム社
　　　　　郵便番号　101-8460
　　　　　東京都千代田区神田錦町 3-1
　　　　　電話　03(3233)0641(代表)
　　　　　URL　https://www.ohmsha.co.jp/

© ギャル電・山崎雅夫・秋田純一・鈴木涼太・高須正和 *2023*

組版　デジカル　　印刷・製本　三美印刷
ISBN978-4-274-22986-2　Printed in Japan

本書の感想募集　https://www.ohmsha.co.jp/kansou/
本書をお読みになった感想を上記サイトまでお寄せください。
お寄せいただいた方には、抽選でプレゼントを差し上げます。

ギャル電〔著〕
定価（本体2000円【税別】）
B5判／144頁

今のギャルは電子工作する時代！

とりまつないで
光ればいいじゃん？

ギャル界のニューノーマル・ギャル電と楽しく始める、
ワクワクするテクノロジー。

　本書は、「光るカッコイイものを作ってみたい」方に向けて、ギャル電の電子工作レシピを紹介する本です。初心者でも取り組みやすいように、最初は材料や道具の紹介から、はんだ付けだけのレシピ、Arduinoを使ったレシピまで徐々に応用させつつ説明しています。

　ただレシピ通りに作るだけでなく、読む方それぞれの作りたいものに電子工作を取り入れて、自作のグッズにチャレンジできるように、ギャル電がどういうところからヒントを得て、どんなアレンジをしているかも解説しています。

　電子工作を始めてみたいという方はもちろん、手芸作品を発展させたい、アクセサリーやグッズ・衣装に光る要素をプラスしてみたいという方にもおすすめの一冊です。

主要目次

このような方におすすめ！

☆ 手芸や工作に光る物を
　プラスしたい電子工作初心者

☆ ライブやイベント会場で、
　自作のグッズで盛り上がりたい方

☆ 他人とはひと味違うアクセサリーを
　身につけたい方

☆ 自作の衣装を作りたいダンサー、コスプレイヤー
　（ハロウィンや発表会衣装のアクセントにも）

☆ 電子工作に手を出してみたものの、
　Lチカ以降どうすればいいかわからない方

☆ とにかくカッコイイものを作りたい方

もっと詳しい情報をお届けできます.
◎書店に商品がない場合または直接ご注文の場合も
　右記宛にご連絡ください。

ホームページ　https://www.ohmsha.co.jp/
TEL／FAX　TEL.03-3233-0643　FAX.03-3233-3440

（定価は変更される場合があります）